KB015477

토털 반영구화장

김도연 지음

光文閣
www.kwangmoonkag.co.kr

머리말

반영구화장은 시대적 미의식에 부응한 효율성과 시장성에 따른 차원 높은 유용성을 가진 새로운 미용 기술이며 현대인의 여러 요구사항을 수용하고 성형 못지않은 메이크업 효과로 이미 대중화된 추세이며 세계적으로 널리 애용되고 있는 새로운 화장 기법이다.

오늘날 한국의 반영구화장은 한류 열풍과 K-뷰티라는 신조어와 함께 대중적인 인기로 세계적인 수준으로 성장하였지만, 여전히 제도적인 제약과 사회적 합의가 마무리되지 못한 상황이라 안전성의 문제와 질적인 문제의 논의가 절실히 필요한 시기이다. 반영구화장이 미용 예술의 한 분야로서의 바른 인식과 폭넓은 학문적 연구가 이루어진다면 그 실용적 유용성에 비춰볼 때 국내 미용 산업은 물론 국민 생활 향상에도 도움이 될 것이라 확신한다.

본 저자는 1990년에 대만에서 미용 문신을 처음 접하지만, 안전성과 미적인 면에서 당시의 우리나라 현실에 맞지 않음을 인식하고 크게 활용하지 못하였으나 2000년 토마스 선생에게 안전성이 보장된 새로운 색소와 활용성을 가미한 또 다른 기법의 반영구화장을 접하게 되었다.

이후 한국에서 반영구화장의 교육과 시술을 원하는 수요자들을 접하면서 법적인 제재에 따른 한국의 열악한 현실을 극복해 나갈 수 있는 방법으로 체계적이며 학문적인 연구가 절실하다 사료되어 석사 및 박사논문을 반영구화장으로 연구하여 발표하였다. 그러면서 습득한 한국 및 외국의 많은 자료와 선호도 등의 지식과 오랫동안에 걸쳐 기록해 놓은 경험을 바탕으로 반영구화장 작업에 기초가 되는 피부학, 고객과 작업자의 안전을 위해 소독과 위생, 반영구화장 실무에 대한 기초 지식에 많은 부분을 할애하여 반영구화장을 처음 접하는 초보자에서부터 전문 교육기관 및 미용 현장에서도 유용하게 활용될 수 있도록 다양한 현장 자료들을 함께 수록하였다.

본서가 반영구화장을 배우고자 하는 학생들은 물론 관련된 종사자들에게도 좋은 지침서가 될 것이라 믿으며, 이 책의 품위가 향상되도록 늘 도움을 주신 크리스틴 오 선생님과 그림을 그려 준 이다원, 본서가 출판이 가능하도록 도움을 주신 광문각 박정태 대표님과 임직원 여러분께 깊은 사의를 표한다.

2021년 1월 저자 김도연

목차

Chapter
01 피부(皮膚, Skin)

1. 피부의 개요

피부는 신체의 표면을 덮고 있는 조직으로 표피(表皮, Epidermis), 진피(眞皮, Dermis), 피하지방(皮下脂肪, Subcutaneous Fat)으로 이루어졌으며 피부 부속기관으로는 한선(汗腺, Sweat Gland), 피지선(皮脂腺, Sebaceous Gland), 모발(毛髮, Hair) 및 손톱, 발톱 등이 있다.

성인의 평균 피부 면적은 1.6m^2, 중량은 체중의 16%로 인체 기관 중 가장 큰 기관이며 구조, 기능, 해부학 및 생리학적으로 그 기능이 다양하다.

2. 피부의 구조

1) 형태학적 구조

① 피부 표면에 그물 모양을 하고 있으며 우묵한 곳을 피부소구(Furrow), 높은 곳을 피부소릉(Hill)이라고 하며 피부의 소릉과 소구의 차이가 피부의 결을 결정한다.

② 피부소구와 피부소릉이 서로 만나는 곳을 땀구멍 혹은 모공(毛孔)이라 한다. 모공에는 피부 표면을 향하여 모발이 비스듬히 나와 있다.

③ 피부소릉에는 땀을 분비하는 한공(汗孔)이 있어 피부에 수분을 공급해 주고 체온을 조절해 주는 기능을 한다.

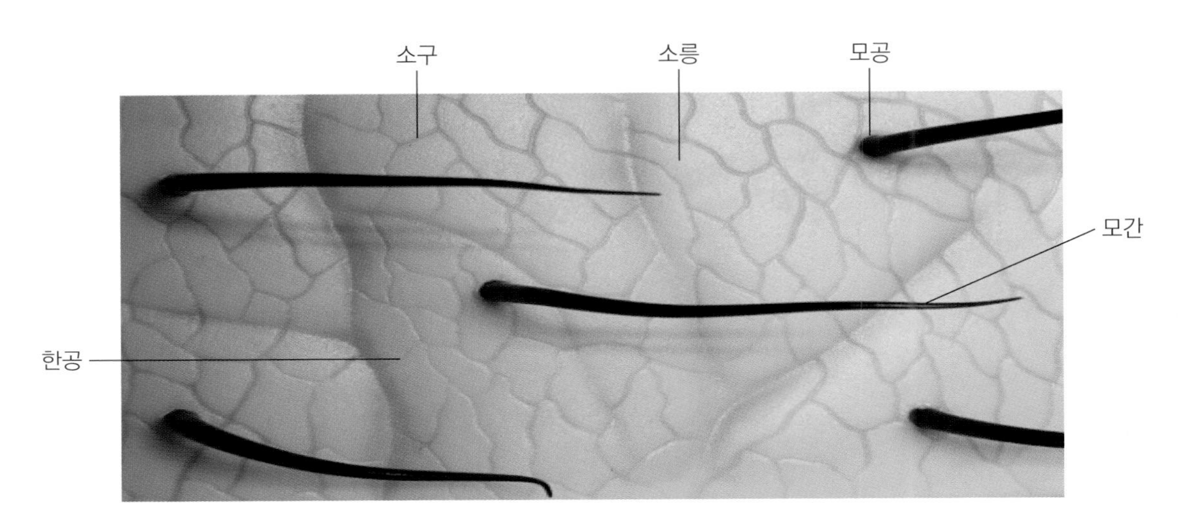

[그림 1-1] 피부의 형태학적 구조

2) 조직학적 구조

피부 표면을 수직으로 보면 상피조직인 표피와 결체조직인 진피, 피하지방층으로 이루어졌다.

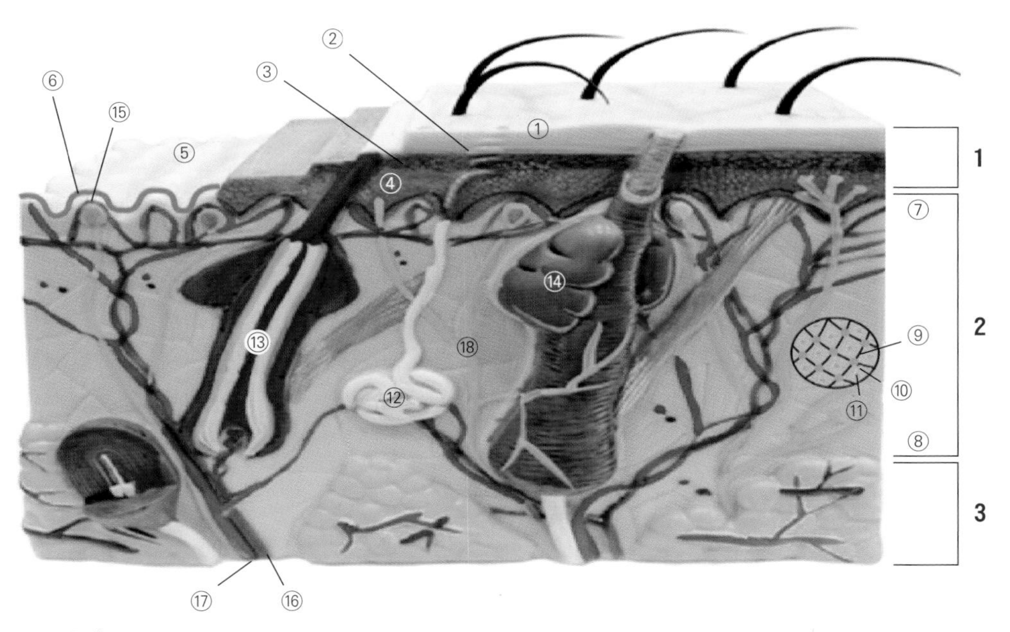

1. 표피
① 각질층 ② 투명층 ③ 과립층 ④ 유극층 ⑤ 진피유두 ⑥ 기저층
2. 진피
⑦ 유두층 ⑧ 망상층 ⑨ 콜라겐 ⑩ 엘라스틴 ⑪ 히알루론산 ⑫ 땀샘 ⑬ 피지선 ⑭ 피지낭
⑮ 모세혈관 ⑯ 정맥 ⑰ 동맥 ⑱ 신경
3. 피하지방

[그림 1-2] 피부의 구조

(1) 표피(表皮, Epidermis)

표피는 외배엽에서 유래하며 말피기층(Malpighian Layer)이라 불리는 살아 있는 세포로 구성된 안쪽의 부분과 무핵으로 편평하고 건조한 죽은 세포들로 이루어진 각질층인 외곽 부분으로 이루어져 있다.

가. 특징

① 구조적으로 중층 편평상피로 구성되어 있으며 방어벽을 형성하고 있다.

② 조직학적으로 바깥쪽부터 각질층, 투명층, 과립층, 유극층, 기저층으로 구성되어 있다.

③ 두께는 얼굴 부분이 0.03~1mm, 손바닥과 발바닥이 0.16~0.8mm로 가장 두텁고 눈꺼풀은 0.1mm 정도이다.

④ 표피를 구성하는 세포에는 각화세포(각질형성세포), 색소세포(멜라닌형성세포), 랑게르한스세포, 머켈세포 등이 있다.

참고

- 피부가 얇은 순서는 **눈꺼풀> 목> 콧등**
- 피부가 두꺼운 순서는 **코끝> 턱> 뺨**

나. 기능

① 피부의 제일 바깥 층으로서 산성 보호막(Acid Mantle)과 함께 외부 환경에 대한 첫 번째 방어막 역할을 한다.

② 외부의 유해한 자극에 대한 장벽 역할을 수행한다.

③ 수분과 전해질의 외부 유출을 방지하며 체온을 조절한다.

④ 촉각, 압각, 통각, 온도 자극 등에 대한 감각을 수행한다.

⑤ 비타민 D를 합성한다.

⑥ 내부 장기의 이상을 표현하는 기관이 된다.

⑦ 약물을 투입하는 통로가 된다.

다. 구성 세포

각질형성세포는 피부의 각질층으로 분화하는 과정에서 케라틴을 생성하는 표피와 구강 상피층의 세포. 피부 표피 세포의 95%를 차지한다.

표피의 주요 구성 성분으로 표피와 바깥 부분에서부터 각질층, 투명층, 과립층, 유극층 및 기저층의 5개 층으로 이루어져 있다.

표피의 세포는 기저층에서 만들어지며 표면으로 올라오면서 모양과 기능이 변하게 된다.

각질형성세포에서의 분화 과정은 기저세포의 분열 과정 → 유극세포에서의 합성, 정비 과정 →

과립세포에서의 자기분해 과정 → 각질세포에서의 재구축 과정이 4단계에 걸쳐서 일어나며 분화의 마지막 단계로 각질층이 형성된다.

이와 같은 과정을 각화 과정(Keratinization)이라 한다.

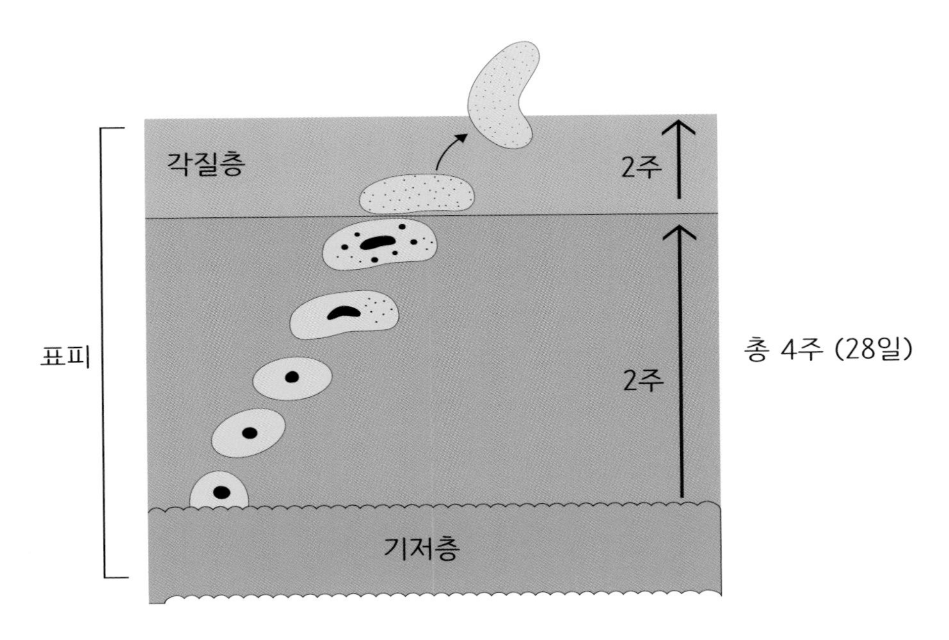

[그림 1-3] 각질형성세포에서의 분화 과정

① **각질형성세포**(Keratinocyte: 기저세포)

- 세포의 교체 주기는 대체적으로 4주 정도 소요된다.
- 세포 분열을 통해 새로운 각화세포를 생성시킨다.
- 각화됨에 따라 기저층, 유극층, 과립층, 투명층, 각질층으로 이동하고 점점 딱딱해져서 자연적으로 탈락된다.

② **멜라닌형성세포**(Melanocyte)

- 멜라닌세포는 기저층에 존재하며 표피에 존재하는 세포의 5%를 차지하며 피부색을 결정한다.
- 세포의 수는 일정하나 인종에 따라 멜라닌 색소의 양과 크기가 달라진다.

③ **랑게르한스세포**(Langerhans Cell)

- 유극층에 존재하며 피부의 면역 반응에 관여한다.
- 진피, 림프절, 흉선에서도 존재한다.

④ **머켈세포**(Merkel Cell)

- 기저층에 위치하며 촉각 수용체로서 촉각을 감지한다.
- 피부 면역에 관여하며 손바닥, 발바닥, 입술 등의 모발이 없는 피부에서 주로 발견되며 신경섬유의 말단과 연결되어 있다.

라. 구조

① **각질층**(角質層, Stratum Corneum)

- 표피 가장 바깥쪽 부분의 핵이 없는 죽은 세포로 20여 개 층 정도 겹겹이 쌓여 있다.
- 각질세포의 주성분은 케라틴 단백질(Keratin 58%), 천연보습인자(Natural Moisturizing Factor: NMF 31%) 및 각질세포 사이의 지질(Lipid 11%) 등이 포함되어 있다.
- 케라틴은 산이나 알칼리 등의 화학 성분이나 열, 냉에 저항력이 강해서 외부의 몸을 보호한다.
- 수분 증발을 억제시키며 정상 피부의 각질층 수분 함량은 10~20%이고 10% 이하가 되면 피부는 건조해져 거칠어지고 예민해진다.

② **투명층**(透明層, Stratum Lucidum)

- 빛이 통과할 수 있는 작고 투명한 세포로 구성되어 있다.
- 무핵의 편평세포로 손바닥, 발바닥 등 비교적 피부층이 두꺼운 부위에 분포되어 있다.
- 엘라이딘(Elaidin)이라는 반유동적 단백질이 있어 수분투를 방지하고 피부를 윤기 있게 한다.

③ **과립층**(顆粒層, Stratum Granulosum)

- 방추형의 세포들로 2~5층으로 구성되어 있다.

- 과립태의 케라토히알린(Keratohyalin)이란 각화효소가 함유되어 있어 세포 내 수분이 감소되어 각질화가 시작되는 곳이다.
- 수분 저지막(Barrier Zone)이 있어 외부 물질에 대한 방어 역할과 수분 유출을 막아준다.

④ 유극층(有棘層, 가시층, Stratum Spinosum)

- 표피의 가장 두꺼운 층으로 5~10층의 유핵세포로 되어 있고 세포 모양은 불규칙한 다각형이다.
- 유극세포 사이에는 림프관이 순환하고 있어 혈액순환과 영양 공급으로 피부의 대사활동에 관여한다.
- 랑게르한스세포(Langerhans Cell)가 존재하여 면역 기능을 담당하고 알레르기성 접촉 피부염과 관련 있다.

⑤ 기저층(基底層, Stratum Basal)

- 표피의 가장 아래층으로 진피와 경계를 이루며, 단층의 원추상 유핵세포 또는 입방형세포(기저세포)로 구성되어 피부 표면의 상태를 결정한다.
- 각질형성세포(Keratinocyte)와 멜라닌형성세포(Melanocyte)가 4:1~10:1의 비율로 존재하여 피부색을 결정한다.
- 모세혈관에서 영양분과 산소를 공급받아 기저세포 분열을 촉진시킨다.

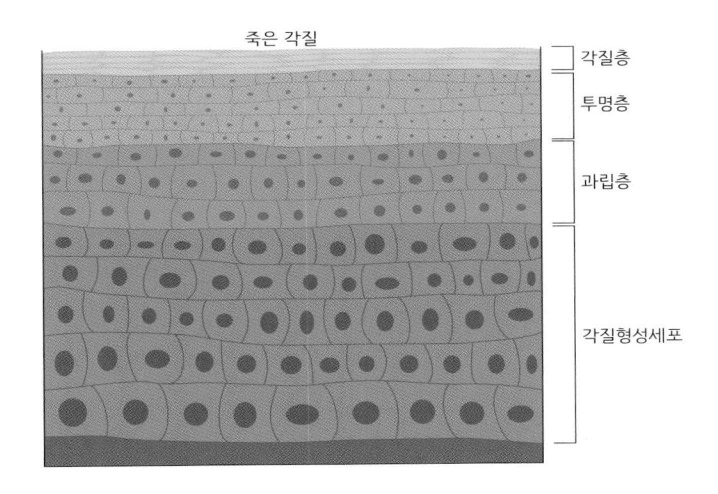

[그림 1-4] 표피의 구조

[표 1-1] 표피층의 구조와 특징

구분	특징
각질층	▪ 20~25층의 납작한 무핵세포로 구성되어 얇은 비늘 모양으로 떨어져 나간다. ▪ 10~20%의 수분을 함유하고 수분에 의한 팽윤성이 있다. ▪ 외부 자극으로부터 피부를 보호하고 외부로부터 침투를 막는다. ▪ 케라틴(Keratin 58%), 천연보습인자(NMF 38%), 지질(Lipid 11%)이 존재한다.
투명층	▪ 2~3층의 무핵세포로 구성되어 있다. ▪ 반고체상의 엘라이딘(Elaidin)이 함유되어 있다. ▪ 손바닥과 발바닥에 주로 존재하며, 수분에 의한 팽윤성이 적다.
과립층	▪ 2~5층의 무핵세포로 구성되어 있다. ▪ 케라틴 단백질이 뭉쳐져 만들어진 케라토히알린(Keratohyalin)이 과립 모양으로 존재한다.
유극층	▪ 5~10층의 유핵세포로 구성되어 있다. ▪ 세포의 표면에는 가시 모양의 돌기가 있어 인접 세포와 다리 모양으로 연결되어 있다. ▪ 면역 기능을 담당하는 랑게르한스세포(Langerhans Cell)가 존재한다. ▪ 세포와 세포 사이에는 림프액이 존재한다.
기저층	▪ 1개의 층으로 된 유핵세포로 구성되어 있다. ▪ 모세혈관으로부터 영양을 공급받아 세포 분열을 통해 새로운 세포들을 생성한다. ▪ 기저층에는 멜라닌을 만들어 내는 멜라닌세포(Melanocyte)가 존재한다.

(2) 진피와 표피의 경계부(Dermoepidermal Junction)

- 진피와 표피의 경계부는 기저막(Epidermal Basement Membrane)으로 이루어져 있다.
- 기저막은 상처 치유 과정에 관여하며 염증세포나 종양세포의 제어 방어막 역할을 한다.
- 접합부는 굴곡진 경계로 표피와 진피 간의 산소와 영양분의 교환을 위하여 확장된 표면적을 제공한다.
- 진피와 표피가 만나는 경계 부분의 돌출된 부분을 진피돌기라 하며, 진피돌기는 나이가 들수록 평평해 표피에 산소와 영양 성분 공급이 줄어든다.
- 구조는 표피와 진피를 결합시키는 해부학적 기능 단위로 이루어져 있다.
- 표피와 진피 사이에서 액상 물질을 투과하여 염증세포나 종양세포들이 왕래하는 것을 제어하는 방어막 역할을 한다.

(3) 진피(眞皮, Dermis)

- 표피의 기저층과 피하지방층 사이에 존재하며 진피층은 피부의 90%를 차지하는 치밀한 결합조직이다.
- 콜라겐(Collagen)과 엘라스틴(Elastin)이 피부 탄력에 관여한다.
- 표피 두께의 20~40배 정도의 개인적인 차이는 있으나 0.5~4㎜의 두께이다.
- 수분 함유량이 표피의 60% 정도로 많은 양을 함유하고 있다.
- 탄력 조직으로써 교원 섬유와 탄력섬유 기질 등의 단백질로 구성되었다.
- 피부의 긴장성의 탄력 유지 및 윤기 있는 피부를 유지하는데 중요한 역할을 한다.

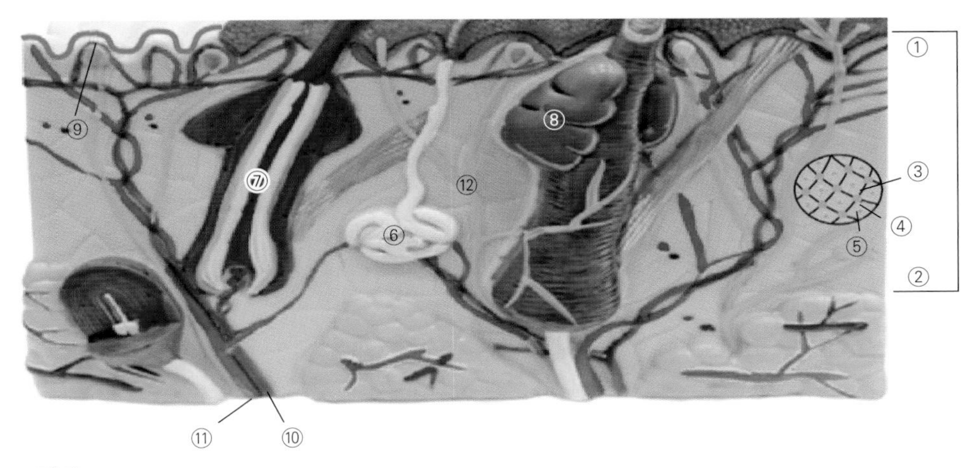

진피
① 유두층 ② 망상층 ③ 콜라겐 ④ 엘라스틴 ⑤ 히알루론산 ⑥ 땀샘 ⑦ 피지선 ⑧ 피지낭
⑨ 모세혈관 ⑩ 정맥 ⑪ 동맥 ⑫ 신경

[그림 1-5] 진피의 단면도

① 유두층 - 유두진피(乳頭眞皮, Papillary Dermis)

- 표피의 기저층 밑에 위치한 유두층은 유두 모양의 돌기를 형성하고 있다.
- 모세혈관이 있어 표피의 기저세포에 산소와 영양 공급을 해준다.
- 유두층에서는 기저세포에 산소 공급 및 영양 공급을 통해 각질형성세포의 건강한 세포 생성 및 세포 분열에 중요한 역할을 한다.

② **망상층 - 망상진피**(網狀眞皮, Reticular Dermis)

- 진피의 유두층 바로 밑에 위치한 망상층은 섬유단백질인 교원섬유와 탄력섬유로 이루어진 결합조직으로 일정한 방향의 망상 구조로 되어 있다.
- 유두층과는 달리 모세혈관이 거의 존재하지 않으며 한선(대한선, 소한선), 혈관, 피지선, 신경 등이 분포되어 있다.
- 망상층은 유두층에 비해 섬유가 굵으며 피부가 많이 늘어나는 경우에도 망상층에 존재하는 섬유질이 피부 처짐을 막아 주는 역할을 한다.
- 망상 진피는 굵고 응집된 형태의 교원섬유와 소규모의 섬유 사이의 공간으로 이루어져 있으며 피부 표면과 평행하게 존재하는 교원섬유의 그물망(Network) 사이에 탄력섬유가 연결되어 있다.
- 피부의 탄력성은 진피를 이루는 섬유질의 탄력 상태에 따르며 망상 진피에는 혈관, 림프관, 신경총, 땀샘 등이 분포되어 있다.

(4) 진피의 구성

① **콜라겐**(膠原質, 교원섬유, Collagen)

콜라겐은 교원섬유라고도 하며 섬유단백질인 교원질(Collagen)로 구성되어 있고, 섬유아세포에서 생산되며 진피의 90%를 차지하는 피부 결합조직의 중요한 성분이다.

- 교원섬유(콜라겐)의 기본적 구조 단위는 분자량 약 30만의 트로포콜라겐(Tropocollagen)이다.
- 1.5㎚ 정도에 길이 300㎚의 가늘고 긴 띠를 만들고, 이 띠가 실타래 모양으로 꼬인 섬유단백질로 되어 있다.
- 인체의 뼈나 인대 등에도 많은 비중을 차지하며 인체의 장기 등을 지탱하는 등의 물리적인 역할을 하는 것과 세포 성장이나 기관의 형성 등의 생리적인 기능을 수행하기도 한다.

② **엘라스틴**(彈力纖維, 탄력섬유, Elastin)

- 섬유단백질로 구성된 엘라스틴은 진피 성분의 2~3%를 차지하며 탄력성을 결정짓는 피부

탄력에 중요한 역할을 한다.

- 콜라겐에 비해 가늘고 긴 섬유로 구성되어 있는 엘라스틴은 피부 탄력의 스프링 역할을 한다.
- 다양한 종류의 화학물질에 대한 저항력이 강하다.
- 노화가 진행되어 탄력이 떨어졌을 경우 피부의 환원이 늦어 탄성이 떨어지게 됨으로써 피부 탄력과 유연성이 감소하여 피부가 처지고 주름이 발생된다.

③ 기질(基質, Substrate)

- 진피 내의 진피와 결합섬유 사이를 채우고 있는 물질로서 진피 중량 0.1~0.2%의 비율을 차지하고 있다.
- 히알루론산(Hyaluronic Acid)과 황산(Chondroitin Sulfate) 등의 글리코사미노글리칸(Glycosaminoglycan)으로 구성되어 물에 녹았을 때 끈적끈적한 액체 상태로 된다고 해서 점액성인 뮤코(Muco)라는 접두어를 붙여 뮤코다당류(Mucopolysaccharide)라고도 한다.
- 구성물질은 수분 친화력이 높아서 자기 몸무게의 수백 배의 수분을 보유할 수 있는 장점이 있으며, 노화가 진행되는 피부의 경우에 진피층 내의 기질 함유량은 떨어지게 된다.

(5) 피하지방층(皮下脂肪層, Subcutaneous Fat)

① 진피와 뼈, 근육 사이에 존재하는 피하지방층은 피부의 가장 아래에 위치한다.

② 복부와 둔부의 경우에 약 3㎝ 이상 두께의 지방을 함유하고 있으며 피하조직이라고도 한다.

③ 피하지방층에서 존재하는 지방세포들은 피하지방을 생산해서 정상 체온 유지를 위한 체온 조절 기능, 수분 조절 기능, 인체의 소모되고 남은 영양소의 저장 기능, 외부로부터의 충격 완화작용, 피부 탄력성 유지 등의 중요한 역할을 한다.

④ 지방세포의 축적이 많은 부위는 허리와 둔부, 대퇴부, 어깨, 가슴, 하복부 등이다.

⑤ 피하지방 조직이 미숙한 발달 부위는 입술, 눈꺼풀, 외이, 고환 등이다.

⑥ 지방층의 과도한 축적으로 피하지방층이 두껍게 되면 혈액순환이나 림프의 순환 저해로 피부 표면이 울퉁불퉁한 현상이 생길 수 있다.

3. 피부의 기능

피부는 우리 몸의 신진대사에 영향을 미치는 다양한 기능들을 수행하며, 신체의 항상성을 깨뜨리는 외적 요인으로부터 내부기관을 보호하고 생명을 지키는 역할을 한다.

1) 영양분 교환작용

① 피부는 신체의 신진대사 활성화를 위하여 물질 전환의 역할을 한다.

② 몸이 에너지가 필요할 때 지방은 용해되어 탄수화물로 전환된다.

③ 표피의 각화 현상과 함께 프로비타민 D가 생성되고, 자외선이 조사되면 비타민 D가 합성된다.

2) 저장작용

① 피부는 대사에 필요한 에너지원인 지방을 피하지방조직에 간직하는 창고 역할을 한다.

② 피부는 지방분이 과잉 상태일 때 여분의 영양 물질을 피부 및 지방으로 저장하고 있으며, 소모가 많아지면 방출한다.

3) 피부 호흡작용

① 피부 표면은 폐 호흡에 1~2%을 담당하고 직접 공기를 통하여 산소를 흡입하고 이산화탄소를 방출한다.

② 비타민은 피부 호흡을 도와주는 반면에 방부제, 항균제 및 지방산은 피부 호흡을 감소한다.

4) 표정작용

① 숨겨진 근육과 표면에 드러나 있는 얼굴의 30여 개 근육의 움직임으로 내면의 감정 상태

를 표시한다.

② 반복적으로 움직이는 부위에는 주름이 형성되고 인상을 결정한다.

5) 재생작용

① 상처를 입은 피부는 곧 원래의 모양으로 되돌아가는데, 정상적인 피부의 표피는 오래된 각질세포를 탈락시키고 신진대사에 의해 기저세포가 분열되면서 새로운 세포를 각질층까지 올려 보내는 세포 재생작용을 한다.

② 각화 현상에 따른 복구 기전의 원리에 의한 재생작용으로 성형이나 피부 이식 등이 가능하다.

6) 피부 상처 재생 과정

- 상처 재생은 물리적 손상, 방사선, 화학물질에 의한 자극 또는 미생물의 증식 등 다양한 원인으로 장기나 조직에 손상이나 결손이 발생하는 상처 부위에서 일어나는 치유를 위한 생체 반응이다.
- 일반적인 자극으로 피부의 심한 상처를 받게 되면 상처 부위에서는 조직의 분리, 출혈, 변성 및 괴사, 염증 반응, 괴사 물질이나 삼출물의 흡수, 육아조직의 증식, 조직 재생 등 상피와 결합조직의 잘 조화된 반응이 일어난다.
- 이 반응은 세포 외 바탕질 분자, 다양한 세포와 침윤하는 백혈구의 상호작용으로 이루어지며 피부 조직이 손상되면 우리 몸은 상처를 치유하기 위해 반응이 시작되고 단계는 **지혈 단계 〉 염증 단계 〉 증식 단계 〉 성숙 단계**의 네 단계가 서로 중첩되어 있다.

(1) 지혈 단계(Hemostasis Phase)

① 상처는 피부와 손상된 혈관이 수축 후 히스타민(Histamine)이라는 물질의 유리로 혈관의 이완 과정이 시작되어 혈류량이 늘어나고 혈관투과성(Vasopermeability)이 증가되어 혈장 이동을 통해 혈장단백질, 백혈구(White Corpuscle) 등이 혈관 밖으로 스며 나와 손상 부위

에 삼출액(Exudate)이 모이게 된다.

② 손상에 의한 결손 조직 내 출혈은 상처 후 몇 분 이내에 혈병을 형성하기 위해 섬유소의 침착, 혈소판의 응집 및 응고 등이 일어난다.

③ 손상된 혈액의 혈소판 파괴로 효소가 방출되어 칼슘 이온(Calcium Ion)과 프로트롬빈(Prothrombin)을 트롬빈(Thrombin)으로 전환시켜 준다.

④ 트롬빈에 의해 피브리노겐(Fibrinogen)이 피브린(Fibrin)으로 전환되며, 분비된 폴리펩타이드 생장 인자(Polypeptide Growth Factors)와 케모카인(Chemokine)들에 의해 피브린이 혈구와 엉켜 혈병을 생성하고 수축되어 지혈이 일어난다.

⑤ 혈관 확장(Vasodilation)과 혈관 투과성의 증가에 의해 혈장 단백질(Plasma Proteins)이 상처 부위로 스며들어 백혈구 이동을 자극한다. 이때 상처 부위로 들어온 미생물, 독소 및 항원 등에 대한 염증 반응이 일어난다.

참고

- 프로트롬빈: 트롬빈의 전구 물질로, 혈청 속에 들어 있는 단백질의 하나로 트롬빈으로 변하여 혈액을 응고시킨다.
- 피브린: 피가 굳을 때 피브리노겐에 트롬빈이 작용하여 생기는 섬유 같은 단백질. 무색이나 엷은 황색을 띤 고체로, 물에 잘 녹지 않으며 혈구 세포들과 엉키어 피를 굳게 하여 출혈을 그치게 한다.
- 삼출액: 염증이 있을 때 피의 성분이 혈관 밖으로 나와 환부에 모인 액상의 물질. 급성 염증이 있을 때 볼 수 있는 현상으로 단백 성분이 많다는 점에서 누출액과 구분한다.
- 혈병: 혈액이 엉기면서 섬유소가 혈구를 싸고 만들어지는 검붉은 덩이.
- 바탕질: 조직의 세포 내 물질 또는 구조물이 만들어지는 조직이나 어떤 물체를 주조하는 기초를 이르는 말.
- 히스타민: 조해성이 있는 무색의 고체. 동물의 조직 내에 널리 존재한다. 단백질 분해 산물인 히스티딘(Histidine)에서 생성되며, 체내에 과잉으로 있으면 혈관 확장을 일으키고 심하면 알레르기 증상을 일으킨다.

(2) 염증 단계(Inflammation Phase)

① 상처 치유에 가장 중요한 단계로 염증 반응은 보통 2~3일에 걸쳐 일어난다.

② 손상된 부위에는 조직 내에 존재하는 세포와 혈관 손상에 의해 유출된 세포 및 상처 주변의 손상되지 않은 혈관으로부터 혈구 누출(Diapedesis)에 의해 이동한 세포 등이 있다.

③ 조직이 손상되면 바로 급성 염증 반응이 나타나는데, 혈소판으로부터 유도된 사이토카인(Cytokine)들은 주화성(Chemotaxis)에 의해서 상처 부위로 백혈구들을 모이도록 한다.

④ 상처 내의 이물질이나 괴사조직 등을 제거함으로써 상처 회복 전에 상처를 깨끗하게 하는 단계라고 할 수 있다.

⑤ 호중성 백혈구(Neutrophil)는 상처로 모이는 첫 번째 염증세포로 24시간 내에 최대 농도에 도달하고 상처 부위에서의 생존 기간은 짧다.

⑥ 대식세포(Macrophage)는 24시간 후 상처 부위로 침윤되며 5일 후에는 손상된 조직에서 가장 많이 관찰된다.

⑦ 호중구와 대식세포로 불리는 두 세포가 주 역할을 담당하며 외부로부터의 감염을 막아 주는 역할과 동시에 상처에서 손상되거나 죽은 조직들을 제거하며 상처를 깨끗하게 해준다.

참고

반영구화장 작업 후 약 5일 동안 작업 부위를 외부로부터 보호할 수 있는 제품 사용은 빠른 상처 재생을 돕고 색소를 오랫동안 유지하는 데 도움이 된다.

- 사이토카인: 혈액 속에 있는 면역 단백의 하나로 체내에서 면역이나 염증을 조절하는 인자이다.
- 주화성: 백혈구가 이동하는 성질. 면역 조절 물질이나 미생물 분자 중에는 백혈구 이동을 촉진하여 염증을 활성화시키는 물질이다.
- 호중구: 염증 세포의 종류에는 세포질에 과립이 있는 과립 백혈구인 호중구, 호산구, 호염구와 무과립 백혈구인 림프구 및 단핵구가 있다.
- 대식세포: 인체 유해 물질 제거력이 있는 큰 세포로 혈액이나 세포 조직에서 있으며 면역력을 높여준다.

(3) 증식 단계(Growth Phase)

① 재생 단계로 신체에 상처가 생기면 상처 부위에 각종 면역세포들이 집결하게 된다.

② 상처 발생 3일에서 2주까지 상처 부위에서 섬유소 그물망을 따라 이동한 섬유아세포(Fibroblast)가 증식하면서 새로운 조직을 만드는 콜라겐(Collagen) 복합체를 형성하여, 새롭게 만들어지는 조직을 튼튼하게 만들어 육아조직(Granulation Tissue)의 형성이 일어난다.

③ 상처 주변 부위에 존재하는 혈관으로부터 내피세포들이 증식하여 모세혈관을 형성한다. 이때 육아조직이 과다하게 형성되어 상처가 주변 피부보다 솟아오르기도 한다.

④ 피부 표면에 존재하는 상피세포는 분화 및 증식을 통해 상처 부위에서 피딱지 사이의 틈을 따라 이동하여 상처 부위를 덮는 재상피화(再上皮化)가 일어난다.

⑤ 재상피화는 상처가 벌어져 있지 않은 경우 상처 발생 48시간 안에 이루어질 정도로 빠르게 진행된다.

⑥ 창상이 깨끗해지면 여러 세포들과 세포 외 기질이 증식하게 되며 혈관들이 새로 생성되고 피부의 여러 층의 상피층을 회복시킨다. 또한, 상처 복구의 기본 골격이 되는 콜라겐을 합성한다.

참고

- 육아조직: 기본적 성분은 섬유아세포로 상처가 아물어가는 과정에서 볼 수 있는 유연하고 과립상(顆粒狀)인 선홍색의 조직으로 모세혈관이 풍부한 새로운 결합조직이다.
- 섬유아세포: 섬유성 결합조직의 중요한 성분을 이루는 세포. 조직 절편으로 편평하고 길쭉한 외형을 가지며 흔히 불규칙한 돌기를 보인다.
- 재상피화: 벗겨진 살갗에 상피조직(上皮組織)이 생기는 것을 말한다.

(4) 성숙 단계(Maturational Phase)

① 상처 발생 2주 정도 지나면 상처 치유의 마지막 단계로 9~18개월 정도의 가장 긴 단계로 염증세포들이 사라지고 난 후 혈관 생성의 진행이 정지되면서 섬유화도 정지되는 단계이다.

② 섬유아세포에 의한 콜라겐의 합성이 최대로 증가하면서 흉터(반흔)가 형성되고 붉게 튀어

나오다가, 보통 6개월 정도 지나면 차츰 콜라겐 섬유가 재배열되고 감소하면서 혈관들이 압박되어 흉터는 점점 얇아지고, 색깔도 연해지면서 원래의 피부색이 나타나게 된다.

③ 6개월 이후에도 콜라겐 생성과 콜라겐 용해 현상이 활동성이면 비후성 흉터나 켈로이드(Keloid) 흉터를 남길 수 있다.

참고

피부의 구조, 피부의 작용, 부위별 피부의 두께 등의 숙지와 반영구화장 작업 부위의 피부가 재생되는 과정의 이해는 고객관리에 필수적이다

- 비후성 흉터: 아교질 섬유의 과다 형성에 의해 발생하여 정상 피부보다 융기된 병변으로 나타나고, 위축성 흉터는 진피 내 아교질의 소실 및 섬유화로 정상 피부에 비해 움푹 파인 형태로 난다.
- 켈로이드 흉터: 흉터 표면과 경계가 불분명하고 딱딱하며 두껍고, 피부가 손상된 후 상당한 시일이 지났으면 손상된 범위를 넘어 정상 피부까지 침범한다. 처음에는 분홍색 혹은 붉은색을 띠다가 시일이 지남에 따라 차츰 갈색을 띠며 가렵고 따가운 증세를 동반하기도 한다.

4. 피부의 유형과 특징

1) 중성 피부

① 피부결이 고르고 섬세하며 촉촉하고 탄력이 있다.

② 수분량이 적당하여 당김 현상이 없고 피부 표면이 매끄럽고 윤기가 있다.

③ 피부색이 좋고 화장이 잘 받으며 지속력이 좋으며 피부의 전반적인 기능이 정상이다.

④ 세균에 대한 저항력이 있고, 색소침착, 여드름과 같은 피부 문제가 없다.

2) 건성 피부

① 각질층의 수분이 10% 이하로 윤기 및 피부의 유연성이 부족하다.

② 모공이 작고 피부결이 섬세하며 하얀 각질이 있어 거칠어 보인다.

③ 유, 수분과 피지 분비가 적어 피부가 건조하다

④ 피부가 당기는 느낌과 심할 경우 가려움증이 생기기도 한다.

⑤ 피부가 손상되기 쉬우며 색소침착과 탄력 저하로 잔주름이 많다.

⑥ 피부가 건조하여 화장이 들뜨고 피부가 얇아 실핏줄이 보이기 쉽다.

⑦ 저항력이 약하고 염증성 피부병과 버짐이 잘 생긴다.

3) 지성 피부

① 피지선 기능이 과하게 촉진하여 많은 피지 분비로 인해 피부가 번들거린다.

② 각질층이 두껍고 저항력이 강한 피부이나 여드름이나 뾰루지가 나기 쉽다.

③ 피부 표면이 유분으로 인해 끈적거리며 이물질이 묻기 쉽다.

④ 화장이 잘 받지 않으며 지워지기 쉽다.

⑤ 과다한 피지가 모공 속에 쌓여 피부색이 고르지 않다.

⑥ 소릉과 소구의 차이가 많아 피부가 거칠다.

4) 예민 피부

① 피부가 얇아 모세혈관이 육안으로 확인된다.

② 일정하지 않게 국부적으로 피부 홍반, 부종, 염증 현상을 나타낸다.

③ 물리적인 작은 자극에도 피부의 즉각적인 반응이 나타난다

④ 피부가 얇은 부위에 색소침착 현상이 있는 경우가 있다.

⑤ 조기 노화, 피부염, 기후 조건에 의해 가렵고 붉은 반점이 나타난다.

5) 복합 피부

① 피부조직의 불균형으로 두 가지 이상의 피부 유형을 나타낸다.

② 뺨 부위(U-Zone)는 예민하고 거칠고 건조하다.

③ 기후 변화에 쉽게 피부가 균형을 잃어 불안정하다.

④ 피지 분비가 많은 이마나 코 주변(T-Zone)은 여드름이나 뾰루지가 생기기 쉬우며 눈 주위, 광대뼈는 건조하기 쉽다.

참고

- 피부 유형의 정확한 판별은 반영구화장 작업 시 기계의 속도, 색소의 농도 등을 조절할 수 있어 작업 후 효과적인 결과를 가져올 수 있다.
- 착색되는 피부층에 따라 색소의 퍼짐, 변색, 색상 유지 기간 등의 결과에 미치는 영향이 크다.

5. 얼굴의 근육(顔面筋肉, Facial Muscles)

얼굴 근육은 일반적으로 뼈에서 시작하여 얼굴의 피부에 부착되어 피부 바로 아래에 위치하는 근육이다.

얼굴 근육은 얼굴 신경의 영향을 받아 얼굴의 표정을 조절하며 저작, 눈 감기 등 다양한 역할을 수행한다

얼굴 근육은 크게 입, 코, 눈과 이마, 귀로 향하는 근육들과 넓은 목근(광경근)의 5가지 그룹으로 나눌 수 있다.

1) 입으로 향하는 근육

① 입꼬리당김근(소근), 큰광대근(대관골근), 작은광대근(소관골근): 입 끝을 양옆으로 또는 양옆 대각선 위쪽으로 당기는 역할을 한다.

② 입꼬리올림근(구각거근), 윗입술 올림근(상순거근): 윗입술을 올리게 하는 역할을 한다.

③ 입꼬리내림근(구각하체근), 아랫입술내림근(하순하체근): 아랫입술을 아래로 내리는 역할을 한다.

④ 입둘레근(구륜근): 입을 다물게 하거나 오므리는 역할을 한다.

2) 코로 향하는 근육

코근(비근), 눈살근(비근근), 비중격내림근(비중격하체근) 등이 있으며 코를 누르거나 내리거나 콧구멍을 여는 역할을 한다.

3) 눈과 이마로 향하는 근육

① 눈둘레근(안륜근): 안구 둘레에 있으며 눈꺼풀을 감는 작용을 한다.

② 뒤통수이마근(후두전두근)의 이마근: 뒤통수이마근의 앞쪽 부분인 이마근이 수축하면 이마를 찡그릴 수 있게 된다.

③ 눈썹주름근(추미근): 걱정스러운 표정을 지을 때 눈썹 사이에 세로로 주름을 질 수 있게 한다.

4) 귀로 향하는 근육

위귓바퀴근(상이개근), 앞귓바퀴근(전이개근), 뒤귓바퀴근(후이개근) 등이 있으나 흔적기관으로 남아 있는 경우가 많다.

5) 넓은 목근

아래턱, 목의 얕은 근막, 가슴의 위쪽에 걸쳐 있는 근육으로 대부분이 목에 위치하나 얼굴 신경의 지배를 받으며 턱을 아래로 내려 입을 벌리는 역할을 한다.

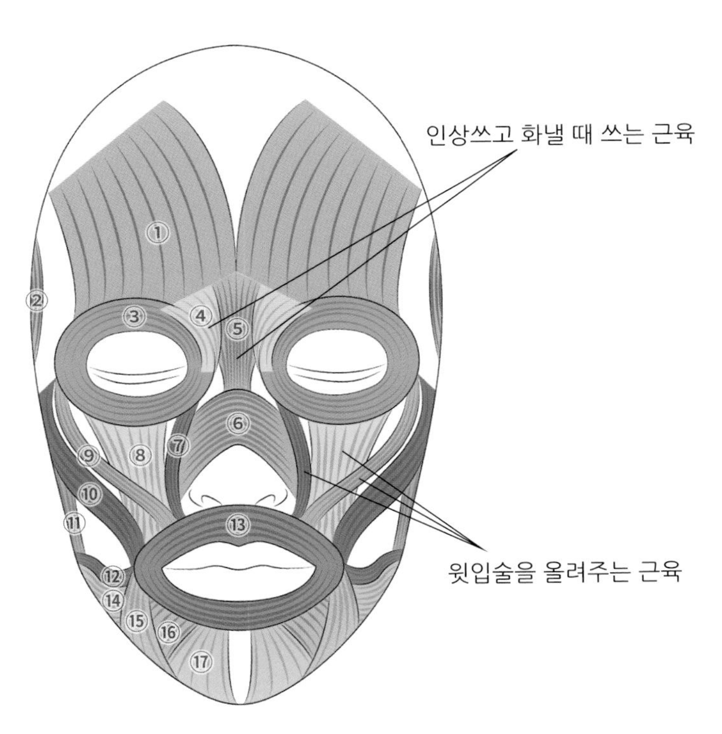

① 전두근 ② 측두근 ③ 안륜근 ④ 추미근 ⑤ 비근근 ⑥ 비근 ⑦ 상순비익거근
⑧ 상순거근 ⑨ 소협골근 ⑩ 대협골근 ⑪ 교근 ⑫ 소근 ⑬ 구균근 ⑭ 광경근
⑮ 구각하체근 ⑯ 하순하체근 ⑰ 이근

[그림 1-6] 얼굴의 근육

참고

- 오랜 기간 유지되는 특수성을 가지고 있는 반영구화장을 균형에 맞게 하기 위해서 얼굴 근육의 관찰이 필요하다.
- 반영구화장 작업 전 고객의 얼굴 근육의 발달 정도나 표정, 습관이나 눈을 감았을 때와 떴을 때에 눈썹 위치의 확인이 필요하다.
- 보톡스나 미용 성형, 시술 등의 영향으로 반영구화장을 작업할 때와 작업 후 수일이 지난 후에 작업 부위 디자인 변형을 가져올 수 있으므로 작업 전 상담 시 미용 성형 시술 유무와 시술 시기를 확인하는 것이 필요하다.
- 반복적인 표정이나 습관 등으로 비대칭이 생긴 경우 일시적인 문제가 아니므로 고객과 충분한 상담 후에 작업하는 것이 좋다.

6. 피부의 pH(Potential of Hydrogen)

1) 의의

pH는 수용액 중의 수소이온농도를 지수함수로 표시하는 단위를 말하며, 일반적으로 일정한 용액에 녹아 들어가는 피부 표면의 수소이온농도를 '피부의 pH'라고 한다.

① 피부의 pH는 성별, 연령, 인종 등에 따라 달라지며 피부 표면에서 진피로 갈수록 높아진다.

② 피부에 정상 pH는 5~6, 모발은 3.8~4.2로써 피부의 pH는 기온에 반비례, 수분량에 비례한다.

③ 표피의 심층은 알칼리성(pH 7.0~7.4)인데 피부 표면은 피지선에서의 분비물 등으로 인해 pH는 약산성인 4.5~5.5로 미생물의 번식을 저지한다.

④ 피부는 약산성의 특성을 보이며 피부 표면의 천연 방어 기능을 가지고 있다.

⑤ 일반적으로 세균은 pH 6~8 사이에서 최적의 발육을 보인다.

⑥ 피부의 pH는 피지선 및 한선에서 분비되는 저급지방산, 젖산염, 아미노산의 분비물에 의하여 형성된다.

⑦ 병원성 세균들은 pH 5 이하의 산성과 pH 8.5 이상의 알칼리에서 파괴되며 중성에서 잘 번식한다.

2) 기능

① 피부의 pH는 외부의 화학적, 물리적 손상으로부터 보호 역할과 미생물의 증식 억제, 감염, 자극, 가려움으로부터 보호한다.

② 에크린(Eccrine) 한선이 분비하는 땀 중에 젖산은 피부 표면에 존재하는 알칼리를 중화하는 역할을 한다.

③ 피부를 구성하는 케라틴 단백질은 수분을 10~20% 함유할 때에는 부드러움을 유지하는데 pH가 3.7~4.5에서는 응고가 일어나 수분 보유력을 상실한다.

④ 케라틴(Keratin)이 응고되면 피부 분비선의 활동이 억제되어 피부세포의 대사활동에 장애를 받게 된다.

⑤ 피부 표면의 산성막은 pH 4.5~5.5의 약산성 상태로 박테리아 등의 미생물로부터 보호한다.

⑥ 외부 자극에 의해 일시적 균형이 깨어질 경우에 약 2시간 후 복원력이 발생하는데 이것을 중화 능력이라고 한다.

참고

- 피부 각질층의 pH는 약산성일 때 세균 감염(Infection) 예방과 피부 회복력이 빠르나 전처리제나 알코올 함유량이 많은 소독제 과다 사용은 작업 부위를 일시적으로 알칼리성으로 만들 수 있어 주의한다.
- 알코올 함유량이 많은 소독제 과다 사용은 작업 부위를 민감하게 만드는 원인이 되기도 한다.
- 작업 시 자주 닦는 것 또한 피부에 자극을 주게 되어 피부가 거칠어지거나 예민해져 이로 인한 접촉성 피부염 유발과 피부 복원이 늦어질 수 있다.

Chapter
02 소독(消毒, Disinfection)

1. 소독의 정의

1974년 미국에서 소독제는 생물체가 아닌 무생물체에 적용하는 화학물로 규정하고, 영국의 보건성에서는 소독을 화학적, 물리적인 방법으로 병원체를 사멸하는 것으로 정의하였다.

즉 소독은 감염을 없애고 미생물을 억제하는 것뿐 아니라 사멸하고 어떤 대상으로 하는 그 물체의 외부와 내부의 균을 물리적, 화학적인 살균작용을 통해 균을 억제, 제거, 감염력을 없애는 것이다. 소독은 살균의 정도에 따라 소독, 살균, 멸균, 방부 등으로 분류할 수 있다.

1) 소독

병원성 미생물의 생활력을 파괴하여 감염을 억제하는 것으로 인체의 감염을 일으키는 병원성 미생물을 죽이거나 사멸하는 것이다.

2) 살균

유해한 미생물에 물리 화학적인 방법으로 표면에 작용하는 것으로 단시간에 균을 죽이며 내열성 및 포자의 균은 제거되지 않는 약한 살균작용이다.

3) 멸균

모든 병원성 및 미병원성, 내열성 및 포자의 균을 가진 미생물 등 모든 균을 강한 살균력으로 사멸하는 것이다.

4) 방부

미생물의 발육과 성장을 억제하여 부패 및 발효를 억제하는 것이다.

참고

- 소독제는 접촉 시간과 조건에 따라 멸균과 소독의 효과를 가질 수 있어 소독제 사용 시에는 시간과 조건에 유의하여야 한다.
- 소독력 작용 강도는 **멸균 > 살균 > 소독 > 방부** 순이다.

2. 소독 기전

소독은 미생물을 구성하고 있는 세포벽, 세포막, 세포 내 함유물 등의 작용을 저해하거나 파괴함으로써 소독 효과를 달성할 수 있다. 즉 균체 단백의 응고작용, 효소의 불활성화, 세포벽 및 세포막의 파괴작용, 가수분해, 탈수작용, 산화작용 등의 기전을 통해 미생물을 소독할 수 있다.

1) 균단백 응고작용

승홍수, 포르말린, 석탄산, 알코올, 크레졸, 산알칼리

2) 산화작용

과산화수소, 과망산칼륨, 오존, 염소, 표백분

3) 균체의 효소 불활성화작용

알코올, 석탄산, 중금속염, 역성비누

4) 중금속염의 작용

승홍, 질산은

5) 탈수작용

식염, 설탕, 포르말린, 알코올

6) 가수분해작용

생석회, 석회유, 강산, 강알칼리

3. 소독 방법에 따른 분류

1) 물리적 방법

물리적 소독법은 이화학적 소독법으로 열과 광선을 이용한 소독법으로 건열법, 습열법, 자외선 소독법으로 구분된다.

(1) 건열에 의한 방법

피멸균물의 표면에 붙어 있는 미생물을 태워서 멸균시키는 화염 멸균법, 180℃에서 30분간 미생물을 산화 또는 탄산화해서 멸균한다.

재생 가치가 없는 것은 소각법으로 멸균시킨다.

① 화염 및 소각법: 값이 싸고 재사용 하지 않는 물건에 적합하다.

- 붕대, 의복, 컵, 가옥 등

② 건열 멸균법

- 유리그릇, 사기그릇 및 금속제품 등의 소독에 사용한다.
- 120℃ 이상 보통 150~160℃에서 30분 정도 가열하면 아포까지 사멸된다.
- 건열멸균기 속에 넣고 160~170℃에서 1~2시간 가열한다.

(2) 습열에 의한 방법

- 자비 소독법, 유통증기 멸균법, 간헐 멸균법, 고압증기 멸균법, 저온 소독법이 있다.

① 자비 소독법

- 소독 대상물을 약 100℃ 물속에 넣어 15~20분간 끓이는 방법으로 소독 효과를 상승시키기 위해 5% 석탄산, 2~3% 크레졸, 1~2% 중조(탄화수소나트륨) 등을 넣어 준다.

- 유리그릇, 사기그릇, 금속기구, 의복 등에 사용한다.

② 유통증기 멸균법

- 표면 소독에 효과적이며 100℃ 유통증기로 30~40분 동안 간헐적으로 가열하면 아포까지 사멸된다.

③ 간헐 멸균법

- 100℃ 유통증기를 15~30분간씩 24시간 간격으로 3회 가열한다.

④ 저온 소독법

- 음식물에 많이 사용하며 62~65℃ 30분간 가열함으로 병원균(주로 화농구균, 장내세균 등)의 감염력을 빼기 위한 방법이다.

⑤ 자외선 소독법

- 살균력이 강한 자외선을 방사하여 멸균하는 방법으로 약 20분간 방사하면 멸균된다.

참고

- 침대 시트나 고객 가운, 타월 등은 자비 소독을 권장한다.
- 소독솜은 반영구화장 시 1일 사용할 양을 자비 소독 후 1회 사용할 양만큼 나누어 보관하고 반영구화장 작업 시 자극이 없는 소독제를 사용하는 것이 좋다.

Chapter 03

색채(色彩, Color)

색은 광원에서 나오는 빛이 물체에 비추어 반사, 투과, 흡수될 때 눈의 망막과 시신경의 자극으로 감각되는 현상에 의해 나타난다.

빛을 흡수하고 반사하는 결과로 나타나는 사물의 밝고 어두움이나 빨강, 파랑, 노랑의 물리적 현상, 또는 그것을 나타내는 물감의 안료색은 색상, 명도, 채도라는 3가지 중요한 속성을 가지고 있다.

1. 색의 분류

일차적으로 색에 의해 사물을 판단하고 색으로 사물을 구분한다. 또 색의 유무에 따라 유채색과 무채색으로 나눈다. 무채색은 밝고 어두운 단계에 따라 구분되며 유채색은 색의 종류, 밝고 어두운 정도, 진하고 연한 정도의 순으로 구분된다.

1) 무채색(無彩色, Achromatic Colors)

색조가 없는 색. 백색에서 회색을 거쳐 흑색에 이르는, 채색이 없는 무채색의 총칭. 유채색에 대응되는 말로, 감각상 색상·채도(彩度)가 없고 명도(明度)만으로 구별된다.

① 흰색, 검정, 회색처럼 색을 지니지 않는 색

② 명암의 차이에 의하여 순차적으로 배열

③ 따뜻하지도 차갑지도 않은 중성색

2) 유채색(有彩色, Chromatic Colors)

물체의 색 중에서 색상이 있는 색. 명도(明度) 차원만을 포함하는 순수한 무채색(白·灰·黑)을 제외한 모든 색을 말한다.

2. 색의 3속성

빨강, 노랑 등과 같이 색의 종류로 나타나는 속성을 색상이라 하고, 밝고 어두운 정도에 따라 구분되는 속성을 명도라 하며, 선명하고 흐린 정도에 따라 구분되는 속성을 채도라 한다. 이러한 색상, 명도, 채도를 색의 3속성이라 한다.

1) 색상(色相, Hue)

유채색에만 있으며 빨강, 노랑, 초록, 파랑 등 어떤 색과 다른 색을 구별하는 고유한 속성을 말한다.

색은 온도감을 가지고 있으며 난색(暖色, Warm Color)과 한색(寒色, Cool Color)이 있다.

(1) 난색계

심리적으로 따뜻한 느낌을 주는 색으로 활동적인 이미지로 자극적이며 눈에 긴장감을 준다.

난색은 파장 750~580mm 범위에 걸쳐 있는 적색, 주황, 주홍, 귤색, 황색 등이다.

(2) 한색계

차갑게 느껴지는 색으로 시원하며 조용하고 침착한 이미지로 이지적이다.

한색은 파랑을 중심으로 찬 느낌을 주는 청보라, 청록, 녹청색과 그 유사색이 한색에 속한다.

(3) 중성계

따뜻하거나 찬 느낌을 주지 않는 색을 말한다.

2) 색상환

색을 보기 편하게 구분해서 원으로 표시한 것을 색상환이라고 한다. 색상환의 종류는 다양하며 색상환에서 서로 반대편에 위치한 색은 서로 보색이다.

3) 색의 보색

색상환에서 서로 대응하는 두 가지 색의 관계를 보색 관계라고 한다.

① 색상이 다른 두 색을 적당한 비율로 혼합하여 무채색(無彩色: 흰색 · 검정 · 회색)이 될 때 이 두 빛의 색을 보색이라 한다.

② 빨강과 녹색, 노랑과 파랑, 녹색과 보라 등을 보색 관계라고 할 수 있으나, 관찰자의 시각에 의해 감산 혼합 시 무채색으로 인식되는 것, 즉 관찰자의 보고가 기준이 된다.

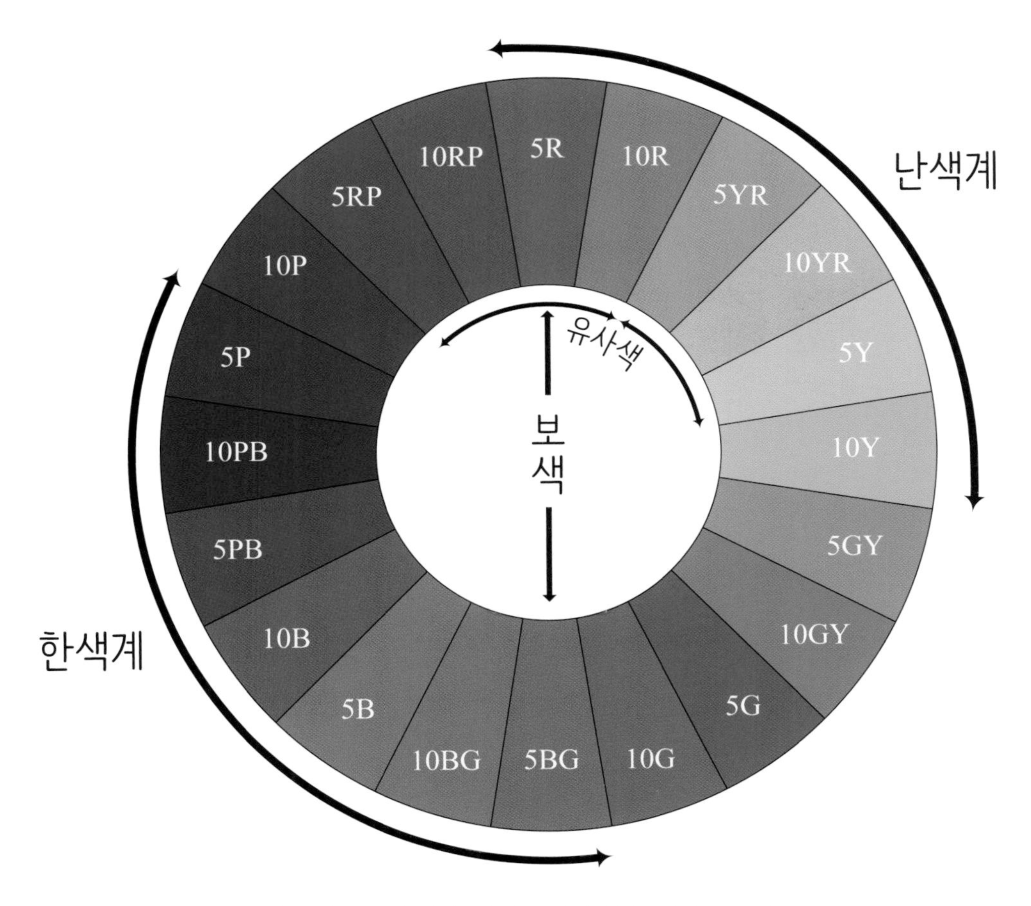

[그림 3-1] 색상환에 따른 보색과 유사색

4) 명도(明度, Value)

① 색의 밝고 어두운 정도를 말하며 색의 삼요소(三要素) 가운데 하나이다.

② 물체 표면이 빛을 반사하는 양에 따라 색의 밝고 어두운 정도는 달라진다.

③ 빛의 대부분을 흡수하여 반사하는 양이 적을수록 어두운색을 띠고 빛의 흡수가 적고 반사하는 양이 많을수록 밝은색을 띤다.

④ 색은 감산 혼합으로 혼합하는 색의 수가 많을수록 명도가 낮아지는데, 이는 색을 혼합할수록 그만큼 빛의 양이 줄어서 어두워지기 때문이다. 반면에 빛은 가산 혼합으로 겹치는 빛의 수가 많을수록 명도가 높아진다.

⑤ 어두운 회색이나 밝은 흰색처럼 명도가 어둡다, 밝다라고 표현한다.

⑥ 가장 어두운 검은색을 0으로 시작해서 가장 밝은 흰색 10에 이르는 11단계로 표시한다.

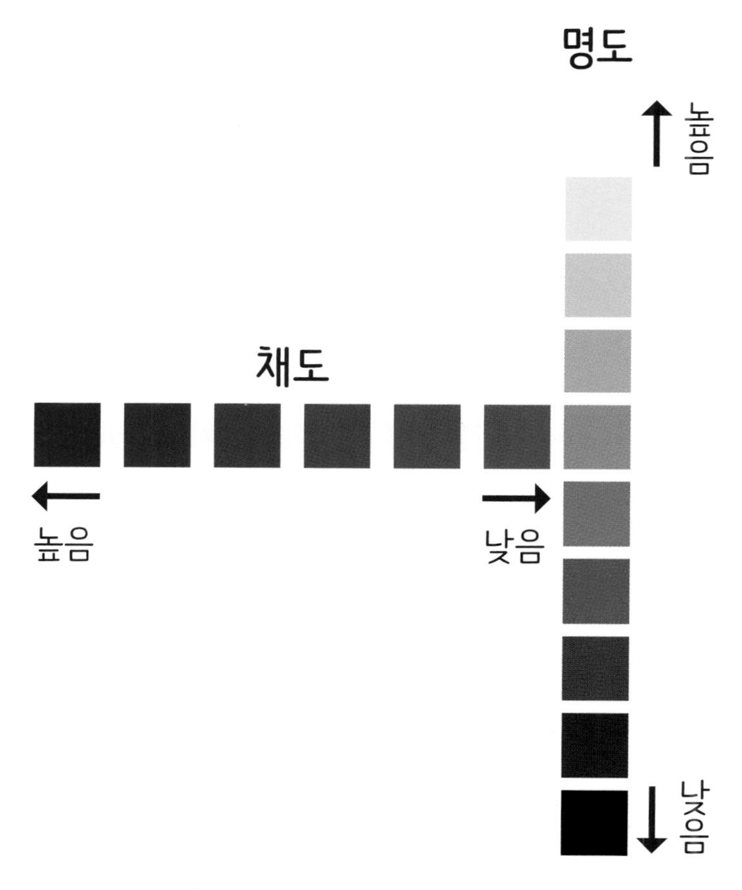

[그림 3-2] 색의 명도와 채도

5) 채도(彩度, Chroma)

색의 순수한 정도, 색상의 진하고 옅음을 나타내는 것을 말하며 어떠한 색도 섞지 않은 맑고 깨끗하며 원색에 가까운 것을 채도가 높다고 표현한다. 채도는 스펙트럼 색에 가까울수록 높아지며, 한 색상 중에서 가장 채도가 높은 색을 그 색상 중의 순색이라 한다. 흰색과 검은색은 채도가 없기 때문에 무채색이라 한다.

3. 색의 삼원색

더 이상 분해할 수 없는 순수한 색으로 색과 색을 혼합하여 만들 수 없는 세 가지 독립된 색을 말한다. 색의 혼합을 통해 여러 가지 다른 색을 만들 수 있는 세 가지 색을 말한다.

1) 빛의 삼원색

가산혼합의 3원색으로 빨강(Red), 초록(Green), 파랑(Blue)이다.

2) 색의 삼원색

감산혼합의 3원색으로 시안(Cyan), 마젠타(Magenta), 옐로(Yellow)이다.

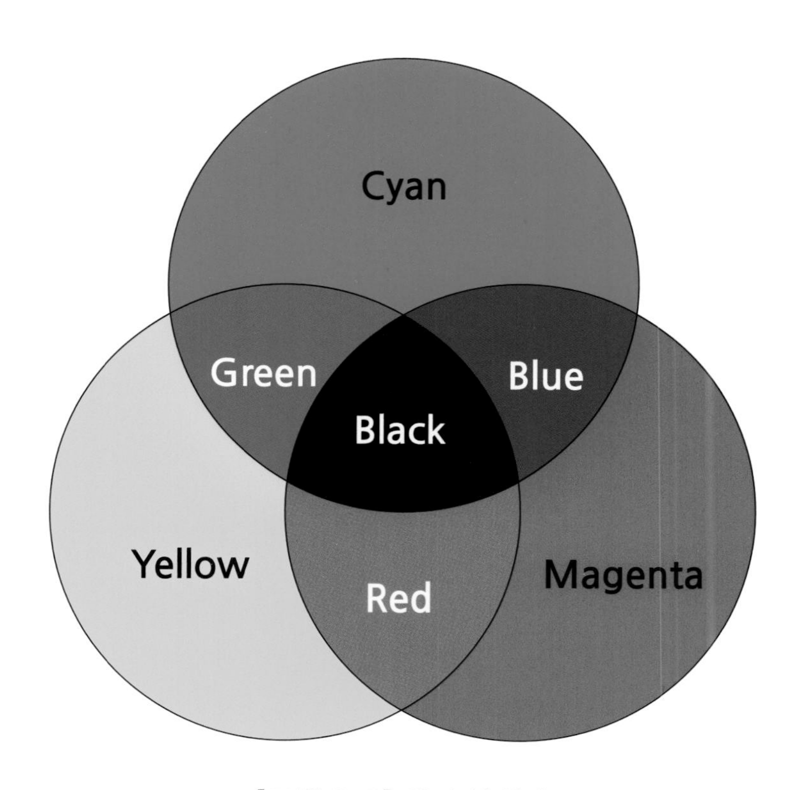

[그림 3-3] 색의 삼원색

[표 3-1] 색의 삼원색

시안 + 마젠타	파랑
마젠타 + 옐로	빨강
시안 + 옐로	초록
시안 + 마젠타 + 옐로	검정

3) 1차색

선명한 색이나 색의 혼합을 통해 여러가지 색을 만들 수 있는 세가지 색을 말한다.

시안, 마젠타, 옐로의 3원색을 다양한 비율로 섞으면 모든 색상을 만들 수 있는데, 반대로 다른 색상을 섞어서는 이 3원색을 만들 수 없다.

4) 2차색

1차색을 섞어서 만들 수 있는 색을 2차색이라고 한다.

5) 3차색

1차색과 2차색을 섞으면 3차색이 된다.

4. 색의 혼합

1) 가산혼합

가산혼합은 빛의 혼합으로 가법혼색, 색광혼합이라고도 한다. 각 색광의 에너지가 가산되기 때문에 색을 섞을수록 점점 밝아진다.

가산혼합은 빛의 3원색으로 빨강, 초록, 파랑을 합치면 백색이 된다.

색광의 혼색에 있어서는 그 결과를 확인하기 위해 백색 스크린을 활용하기도 한다.

2) 감산혼합

감산혼합은 물감의 혼합으로 감법혼색, 색료혼합이라고도 한다.

색을 섞을수록 탁하고 어두워진다.

빨강, 노랑, 파랑의 3원색을 혼합하면 검정이나 검정에 가까운 회색이 된다.

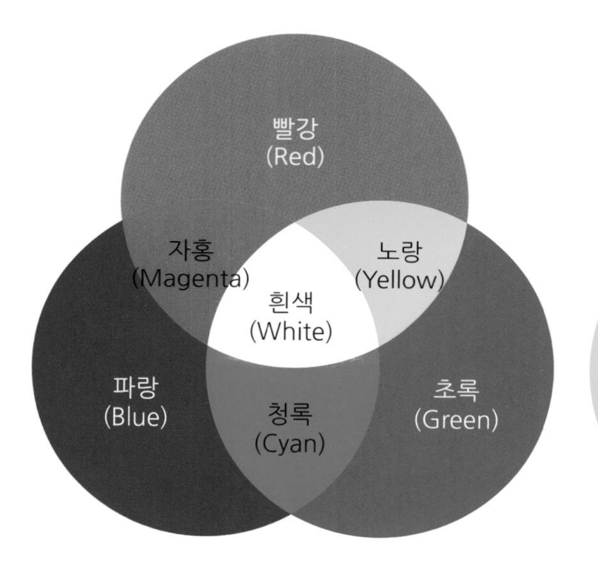

[그림 3-4] 가산혼합

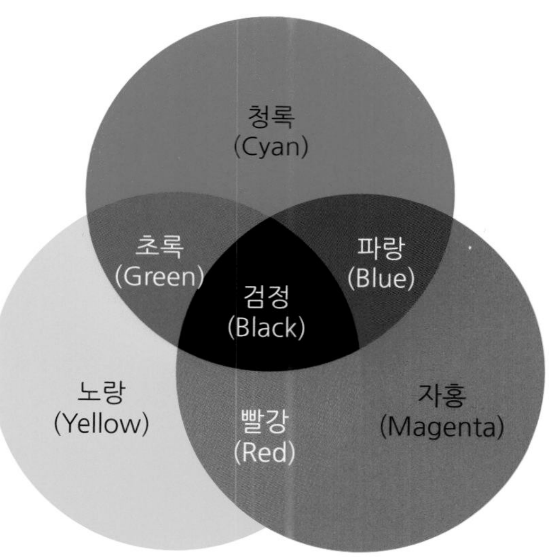

[그림 3-5] 감산혼합

3) 중간혼색

중간혼색은 회전혼색과 병치혼색이 있다.

물체 색을 통한 혼색이나 빛의 망막 위에서 해석되는 과정에서 혼색 효과를 가져와 기법 혼색의 영역에 속하게 된다.

혼색의 결과는 보여지는 밝기와 강도는 두 색의 합을 면적 비율로 나눈 평균값으로 생각한다.

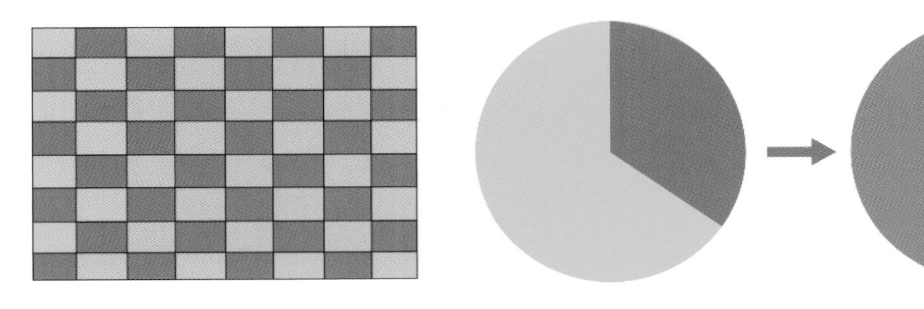

[그림 3-6] 병치혼색 [그림 3-7] 회전혼색

참고

- 피부색과 어울리는 색상 선택은 어울리는 눈썹 디자인이나 입술의 디자인 이상으로 중요하며 작업 효과를 증가시킬 수 있다.
- 잘못된 반영구화장으로 인한 변색된 색상을 바꾸고자 할 때, 디자인 변형 등을 수정할 때 보색 또는 유사색을 선택하거나 새로운 색상을 만들어서 사용하면 작업 후의 만족감을 증가시킬 수 있다.

Chapter 04

메이크업(Make-Up)

메이크업(化粧美容, Make-Up)의 사전적 의미는 '제작하다, 보완하다' 라는 뜻을 가지고 있다. 일반적 의미는 화장품이나 도구를 사용하여 신체의 장점을 부각하고 단점은 수정 및 보완하는 미적 행위이며 자신의 정체성, 가치관을 표현하는 것이다.

메이크업의 목적은 외부의 자극으로부터 피부 보호와 얼굴의 단점을 보완하고 장점을 부각시켜 아름다워지고 싶어 하는 기본적인 미(美)를 표출하기 위해 활용된다.

주술적과 종교적으로도 활용되었으며, 위험에 처했을 때는 위장술로 신체를 보호하는 목적으로도 이용하였다.

1. 얼굴의 비율

각각 얼굴형이 다르나 얼굴 구성 요소의 가장 이상적인 비율을 파악하는 것은 좀 더 아름다운 화장을 하는 데 효과적이라 할 수 있다.

얼굴의 가로 분할 3등분과 세로 분할 5등분으로 나누는 것을 황금분할선이라 하며, 이는 각 사람의 가장 이상적인 균형 비율을 맞추어 단점을 보완하여 개성 있게 표현하는 데 목적이 있다.

1) 얼굴의 폭

눈의 가로 폭을 1이라 하면 귀에서 눈꼬리까지의 간격, 눈꼬리에서 눈앞머리의 간격, 눈과 눈 사이의 간격이 동일하게 하여 전체 폭은 5가 된다.

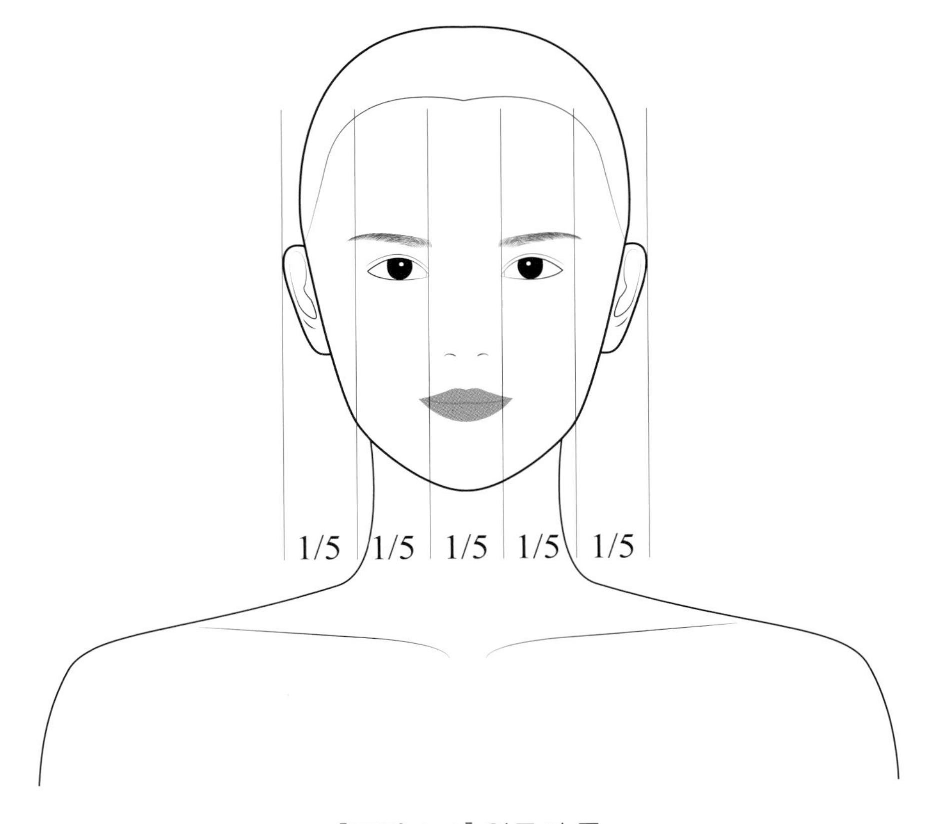

[그림 4-1] 얼굴의 폭

2) 얼굴의 길이

이마의 머리카락이 난 부분에서 눈썹까지의 간격, 눈썹에서 코끝까지의 간격, 코끝에서 턱까지의 간격이 3등분으로 했을 때 같아야 한다.

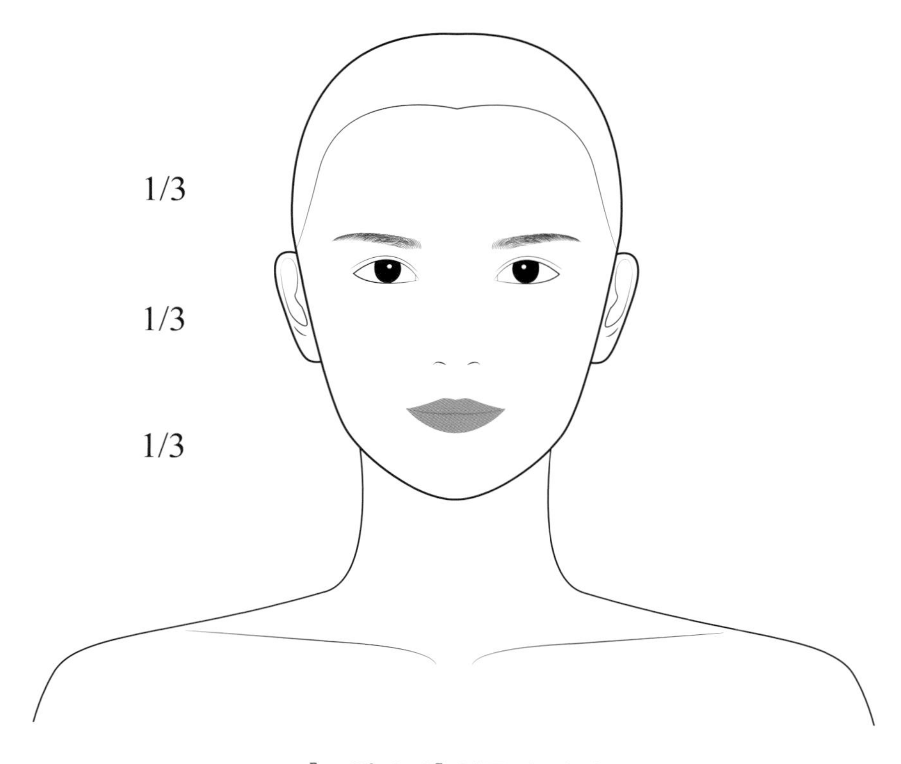

[그림 4-2] 얼굴의 길이

3) 눈

눈의 세로 길이는 가로 길이의 1/3이다.

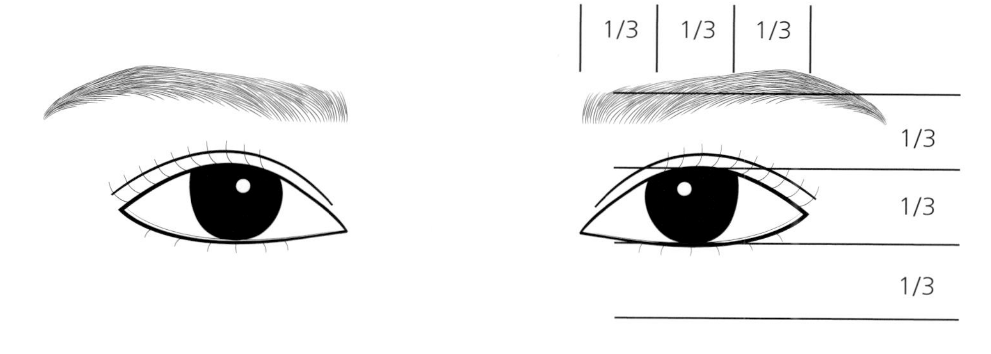

[그림 4-3] 눈의 길이

4) 코

콧방울과 콧방울의 폭은 코의 길이를 100으로 했을 때 64 정도가 이상적이다.

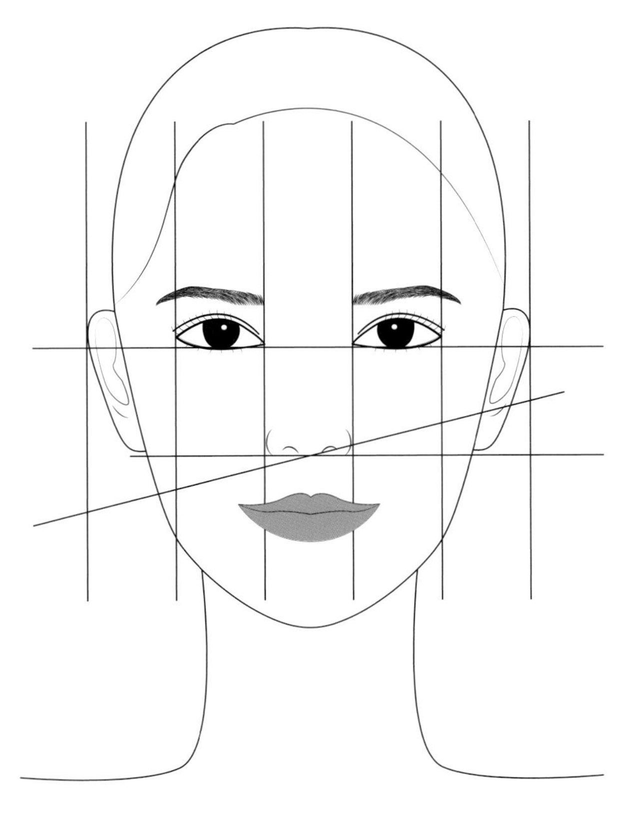

[그림 4-4] 코의 비율

5) 입술

입술의 가로 길이는 두 눈동자의 안쪽을 지나는 수직선보다 크지 않으며 눈의 가로 길이의 약 1.5배 정도이며 입술의 가로와 세로의 비율이 3:1이다. 윗입술과 아랫입술은 1:1.5 정도로 아랫입술이 약간 도톰해야 한다.

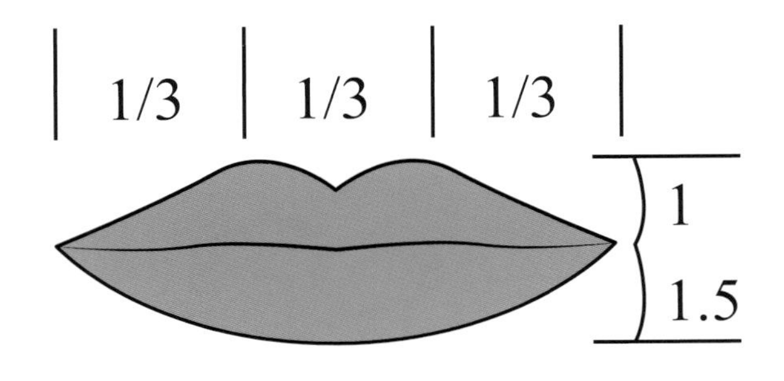

[그림 4-4] 입술의 비율

2. 눈썹(Eyebrow)

얼굴형에 맞게 잘 정리된 눈썹은 더 아름다워 보이게 하고, 자연스러운 표정을 연출해 주며, 인상을 결정짓는 데 중요한 역할을 한다.

2) 표준형 눈썹

① 눈썹을 쉽게 그리기 위해서 눈꼬리를 기준으로 한다.

② 눈썹이 눈꼬리보다 약간 더 길어야 인상이 또렷해 보인다.

③ 콧방울에서 눈꼬리와 사선으로 연장선상에 눈썹의 꼬리가 닿게 하면 눈썹이 완성된다.

④ 눈썹을 그리기 전에 눈꼬리의 끝부분을 잘 확인하고 눈꼬리와 콧방울의 사선 비율도 확인한다.

⑤ 눈썹꼬리가 눈썹머리보다 더 내려가면 눈이 처져 보이거나 우울해 보인다.

참고

- 눈썹머리: 콧방울 지점을 수직으로 올려 만나는 곳에 눈썹의 시작 부분이 위치한다.
- 눈썹산: 눈썹 길이를 3등분해서 2/3 지점에 눈썹산이 위치한다.
- 눈썹꼬리: 콧방울과 눈꼬리를 45°의 각도로 연결해서 만나지는 지점에 눈썹의 끝부분이 위치한다.

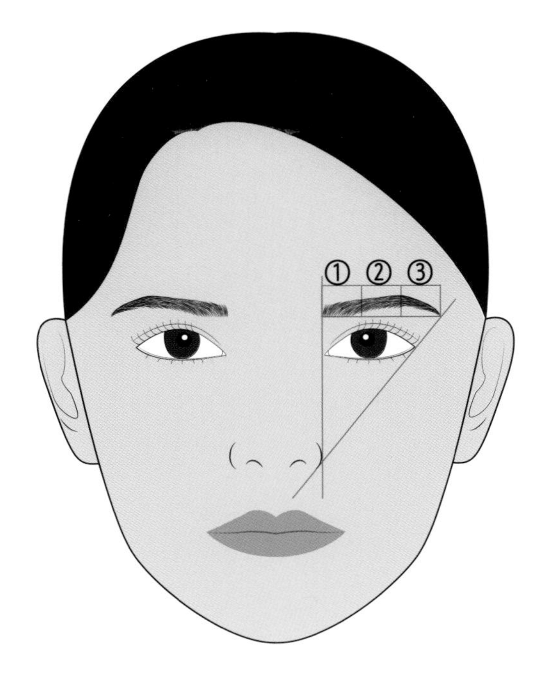

[그림 4-6] 표준형 눈썹

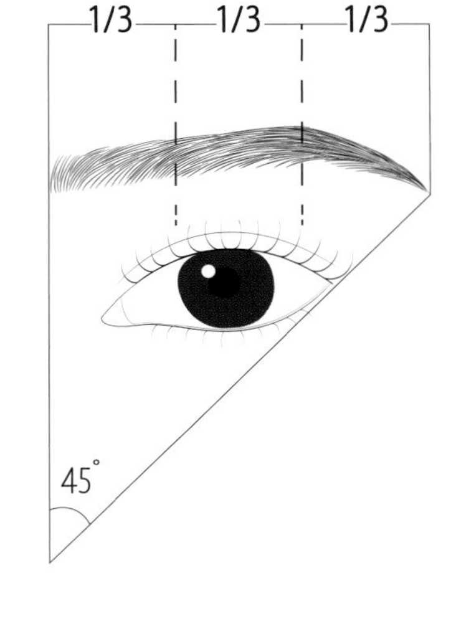

[그림 4-7] 표준형 눈썹 그리기

참고

얼굴형이나 고객의 취향에 따라서 기본 위치를 조절할 수 있다.

2) 얼굴형에 어울리는 눈썹

① 타원형

무난한 얼굴형으로 다양한 디자인의 연출이 가능하다.

- 잘 어울리는 눈썹: 자연스러운 굵기로 눈썹산을 둥글게 연결시켜 아치형으로 표현한다.

② 역삼각형

자칫 민감해 보일 수 있는 인상으로 부드러운 이미지 연출이 필요하다.

- 잘 어울리는 눈썹: 아치형

눈썹 길이의 1/2 정도에 눈썹산을 안쪽에 두고 아치형으로 가늘게 그려 준다.

• 안 어울리는 눈썹: 화살형이나 직선적인 눈썹형

③ 긴 형

성숙한 이미지를 주지만 앳된 이미지 연출이 필요하다.

• 잘 어울리는 눈썹: 직선형이나 표준형

자연스러운 굵기로 약간 직선형과 눈썹산에 약간의 커브가 있는 표준형이 좋다.

• 안 어울리는 눈썹: 눈썹꼬리가 낮은 눈썹형

④ 삼각형

인상이 강해 보일 수 있어 부드럽게 보이는 연출이 필요하다.

• 어울리는 눈썹: 아치형이나 직선형 곡선으로 우아한 느낌을 줄 수 있는 아치형 이마가 넓어 보일 수 있는 직선형 눈썹을 미간은 넓게 꼬리는 약간 길게 그려 준다.

• 안 어울리는 눈썹: 각진 눈썹

⑤ 둥근형

귀여운 이미지와 동안으로 보일 수 있지만 자칫 통통한 느낌을 줄 수 있어 갸름하게 보이는 연출이 필요하다.

• 잘 어울리는 눈썹: 각진형, 끝이 올라간 형

적당한 굵기와 길이로 눈썹산을 각지게 그려 준다.

• 안 어울리는 눈썹: 둥근 아치형의 눈썹

⑥ 사각형

인상이 경직되어 보일 수 있으므로 부드러운 연출이 필요하다.

• 잘 어울리는 눈썹: 아치형

곡선으로 우아한 느낌을 줄 수 있으며 눈썹과 미간 사이를 좁게 그리면 효과적이다.

• 안 어울리는 눈썹: 일자형의 직선적인 눈썹

눈썹 형태	얼굴형	이미지
표준형 눈썹		
아치형 눈썹	각진 얼굴형 얼굴이 넓은 사람	우아하고 여성적인 느낌
직선형 눈썹	긴 얼굴형 이마가 좁은 사람	젊고 활동적인 느낌
화살형 눈썹	둥근형 이목구비가 작은 사람	개성이 강하면서 시크한 느낌
각진형 눈썹	둥근형 얼굴 길이가 짧은 형	지적이고 단정하며 세련된 느낌
꼬리가 내려간 눈썹	역삼각형 이마가 넓고 이목구비가 뚜렷한 사람	평온하고 부드러운 느낌

[그림 4-8] 얼굴형에 어울리는 눈썹과 이미지

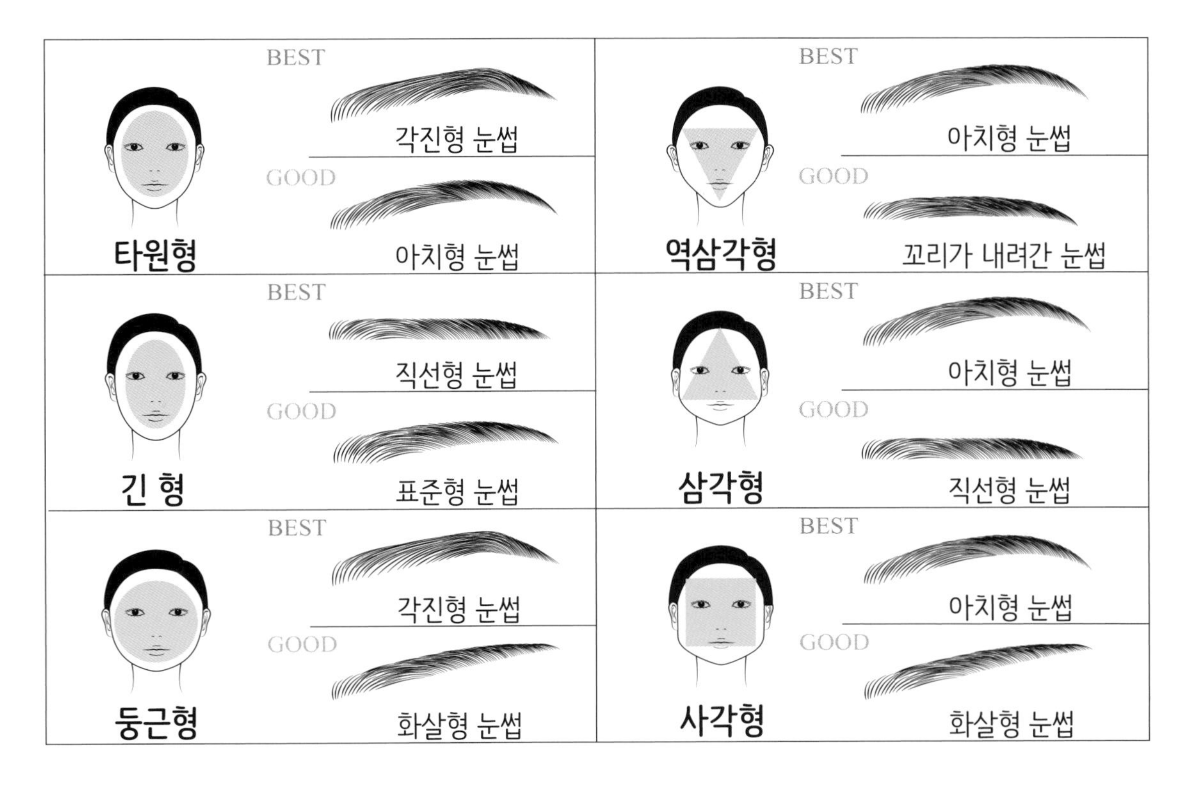

[그림 4-9] 얼굴형에 어울리는 눈썹

3) 눈썹 색상

피부색과 모발색에 어울리는 눈썹 색상 선택이 인상을 변화시킬 만큼 중요하다.

모발 염색으로 색이 바뀌거나 컬러렌즈 등의 변화가 있기 때문에 피부색에 중점을 두고 색상 선택에 신중하여야 한다.

(1) 눈썹 색상에 따른 이미지

① 검정

고전적으로 보이나 강하고 개성적인 느낌을 주며 눈이 크고 흰 피부에 잘 어울린다.

② 회색

침착하고 차분한 느낌을 주며 자연스러워서 대중적이며 무난하다.

③ 갈색

지적이며 세련된 느낌으로 현대적 이미지 연출이 가능하며 그을린 듯한 피부에 잘 어울린다.

(2) 피부색에 따른 눈썹 색상 선택

① 흰 피부

다양한 색상이 어울리지만 검은 계열의 색이 잘 어울린다.

② 어두운 피부

어두운 갈색은 피부가 더 어두워 보일 수 있어 옅은 갈색이 잘 어울린다.

③ 노란 피부

너무 밝은 갈색보다는 어두운 갈색이 잘 어울린다.

참고

반영구화장은 쉽게 지울 수 없는 화장으로 노 메이크업(Bare Face, 민낯, 맨얼굴)이었을 때 자연스러운 화장으로 피부색에 중점을 두고 색상 선택에 신중하여야 한다.

(3) 모발 색에 따른 눈썹 색상 선택

부드러운 인상을 주고 싶을 때에는 눈동자 색보다 밝은 톤을 선택한다.

또렷한 인상을 주고 싶을 때에는 눈동자 색과 비슷하거나 더 진한 톤을 선택한다.

① 검정 모발

검정이나 흑갈색은 강렬한 이미지를 나타낸다.

- 회색(Gray)이나 어두운 갈색(Dark Brown)

② 회색 모발(새치 모발)

회색, 회갈색은 차분하고 침착한 이미지를 나타낸다.

- 회색(Gray)이나 어두운 갈색(Dark Brown)

③ 흑갈색 모발

흑갈색은 자연스러운 이미지를 나타낸다.

- 갈색(Brown), 어두운 갈색(Dark Brown)

④ 갈색 모발

갈색은 세련되고 우아하며 성숙한 이미지를 나타낸다.

- 갈색(Brown), 밝은 갈색(Light Brown)

[표 4-1] 모발 색에 어울리는 눈썹 색상

검정 모발	회색 모발	흑갈색 모발	갈색 모발
회색(Gray), 어두운 갈색(Dark Brown),	회색(Gray), 어두운 갈색(Dark Brown)	갈색(Brown), 어두운 갈색(Dark Brown)	갈색(Brown), 밝은 갈색(Light Brown)

3. 아이라인(Eyeline)

아이라인 화장법에 따라 눈의 크기와 형태 변화를 주어 인상을 좌우하기도 한다.
아이라이너는 선명하고 생동감 있는 눈매와 눈의 형태로 수정, 보완이 가능하다.

1) 눈의 형태에 어울리는 아이라인(Eyeline)

① 동그랗고 큰 눈

눈의 모양에 따라 가늘게 2/3나 1/3 정도 그린다.

② 작은 눈

눈 가운데를 굵게, 위아래의 라인이 만나지 않게 그린다.

③ 올라간 눈

눈 앞은 가늘게, 아래는 꼬리 방향에서 1/3 정도는 직선으로 그린다.

④ 처진 눈

아래 라인과 교차 지점에서 눈꼬리 부분을 약간 자연스럽게 올려서 그린다.

⑤ 쌍꺼풀이 있는 눈

속눈썹을 따라 가늘고 얇게 모양대로 자연스럽게 그린다.

⑥ 쌍꺼풀이 없는 눈

가운데 부분을 굵게 그리고, 갈수록 얇게 그린다.

⑦ 가는 눈

라인을 약간 굵게 그린다.

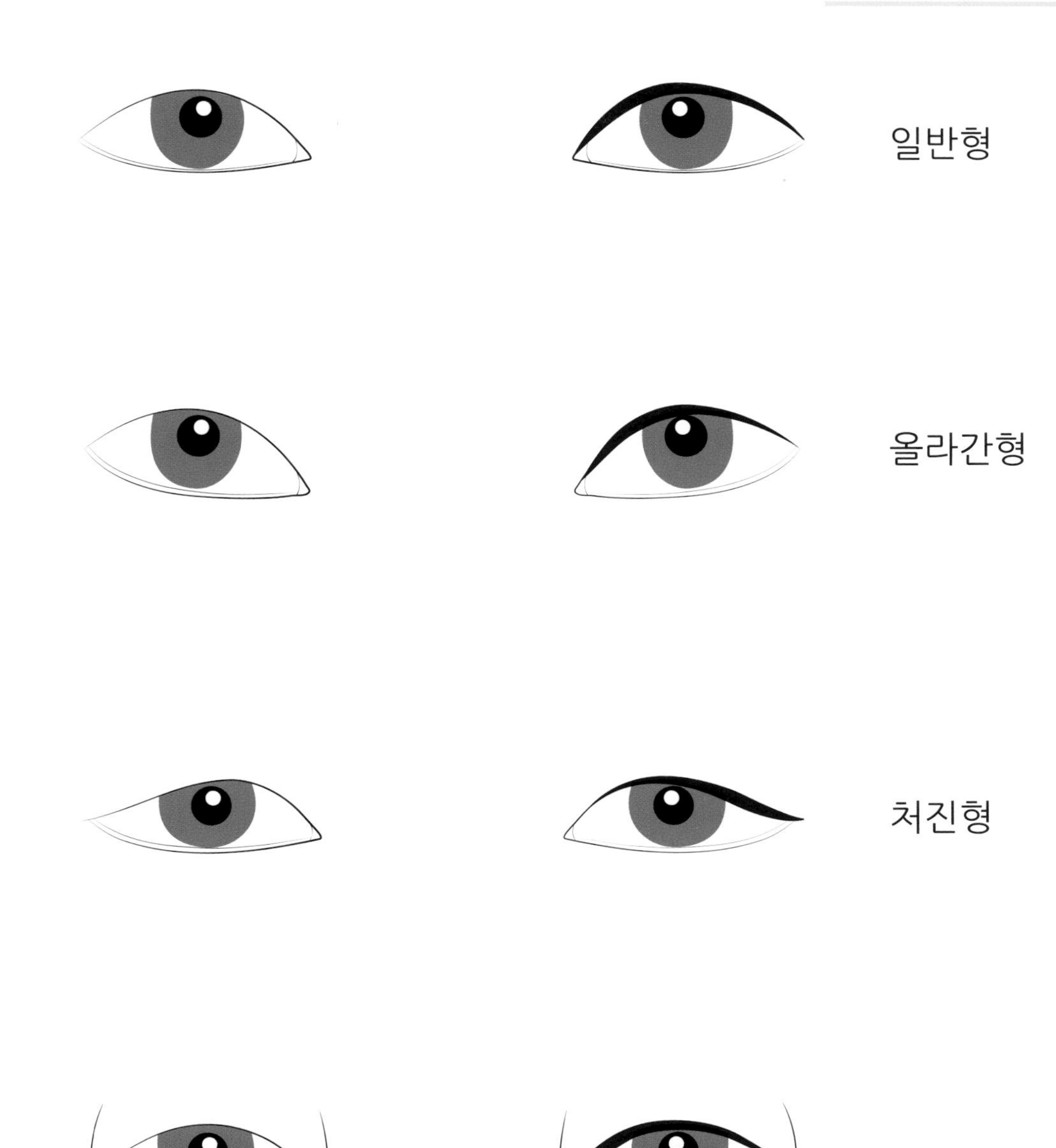

[그림 4-10] 눈 형태에 따른 아이라인

참고

일반 아이라인 화장은 눈의 형태에 따라 많은 변화를 줄 수 있지만 반영구화장은 일반 화장법과 달리 많은 변화를 줄 수 없다.

4. 입술(Lips)

화장의 마무리라고 하는 입술 화장은 얼굴 전체의 포인트 역할을 한다.

입술의 형태 변화나 색상에 따라 이미지 변신으로 색다른 분위기를 연출할 수 있으며 풍부한 감정 표현과 건강, 의욕 등이 표현되기도 한다.

또한, 입술 형태가 비대칭이거나 처진 입꼬리, 유난히 크거나 작은 입술의 결점을 보완해 주는 메이크업이 가능하다.

1) 이상적인 입술 그리기

① 입술의 가로 세로 비율은 3:1, 윗입술과 아랫입술은 1:1.5 비율을 황금 비율로 본다.

② 입술의 양끝은 눈동자 중앙에서 수직으로 내린 선의 조금 안쪽에 위치한다.

③ 입술산은 양쪽 콧구멍을 중심으로 수직으로 내려온 선과 만나는 부분에 위치한다.

가로 세로 비율 3:1,
윗입술과 아랫입술 1:1.5

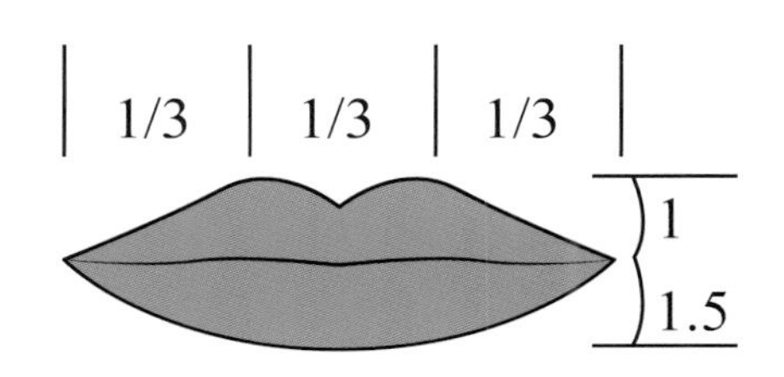

[그림 4-11] 이상적인 입술 비율

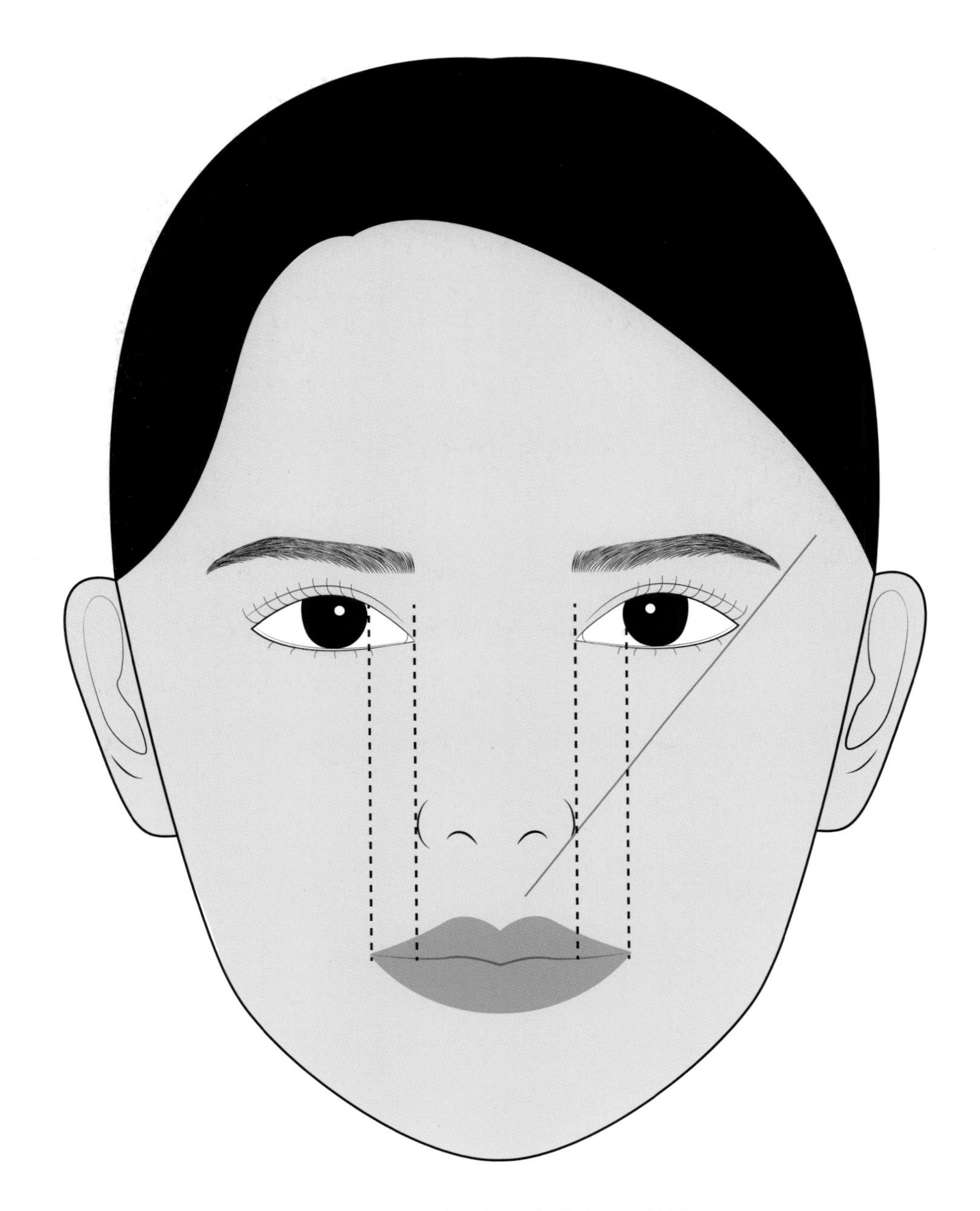

[그림 4-12] 이상적인 입술 비율

2) 입술 화장에 따른 이미지

① 인커브(In Curve)

귀엽고 여성스러운 이미지, 입술이 두터운 입술에 적합하다.

원래의 입술 라인보다 1~2mm 정도 안쪽으로 그린다.

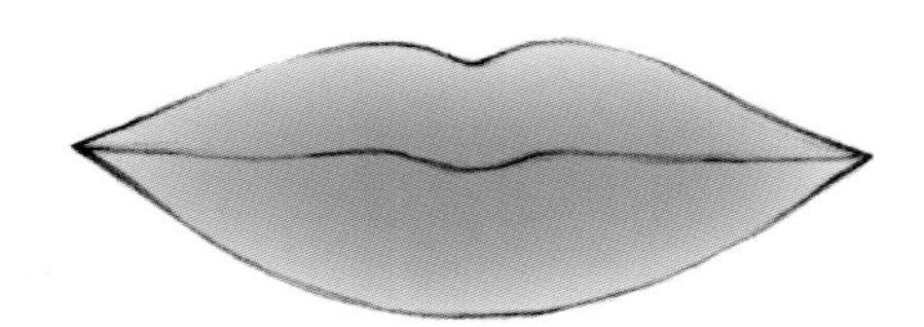

[그림 4-13] 인커브 입술

② 스트레이트(Straight)

립 라인을 직선으로 표현하여 단정하고 깔끔한 지적인 이미지에 적합하다.

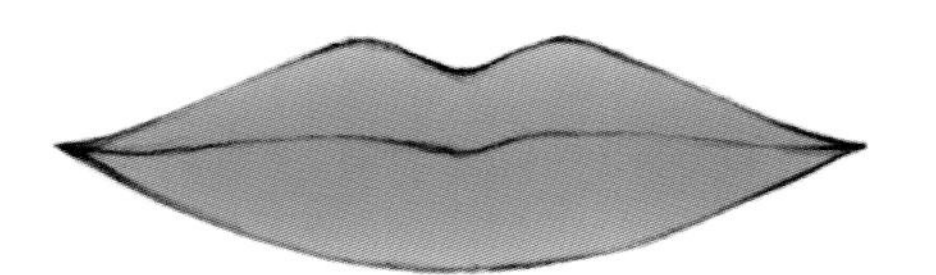

[그림 4-14] 스트레이트 입술

③ 아웃 커브(Out Curve)

매혹적인 아름다움을 느끼게 하며, 성숙한 이미지다.

입술보다 크게 그려 주며, 입술산도 본래의 크기보다 1~2mm 크게 그리되 입술의 끝이 처지지 않게 주의한다.

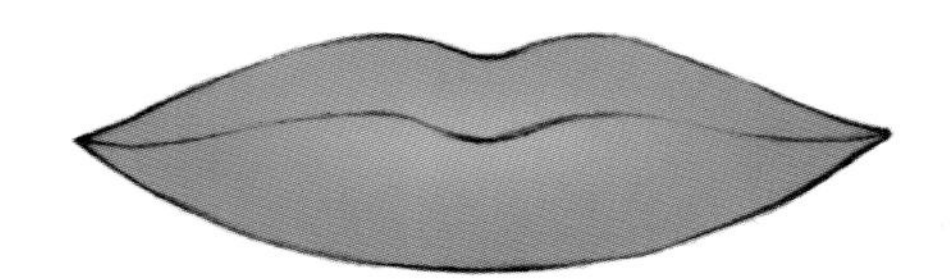

[그림 4-15] 아웃 커브 입술

3) 입술 형태에 따른 화장

(1) 얇은 입술

얇은 입술은 지적이고 부드러워 보이나 여유가 없어 보일 수 있다.

① 원래의 입술보다 1~2mm 넓게 그려 주며, 입술의 끝이 처지지 않게 주의한다.

② 피부 쪽으로 넓어진 부분은 입술 색과 다르기 때문에 입술 선(Lip Line)은 한 톤 정도 진한 색을 선택하여 입술색과 자연스럽게 어울리게 한다.

③ 입술 안쪽은 입술선 색상과 유사색으로 볼륨감을 주도록 한다.

④ 밝은 색상은 입이 커 보이는 효과가 있다.

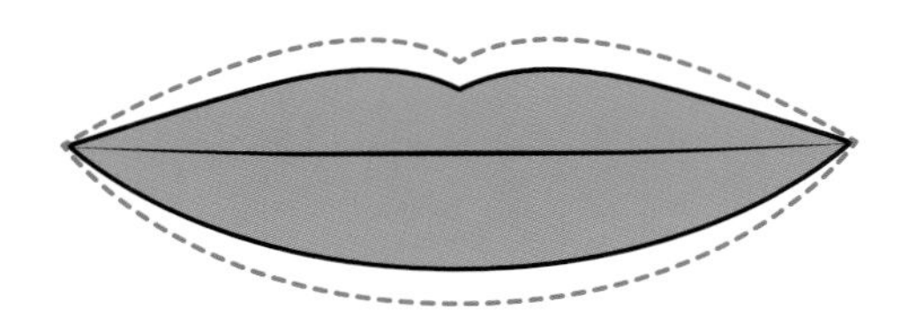

[그림 4-16] 얇은 입술 수정

(2) 크고 두꺼운 입술

귀엽고 여성스러운 이미지이나 자칫 투박해 보일 수 있다.

① 입술 안쪽으로 입술선을 만들 때 한 톤 정도 진한 색을 선택하여 축소해 보이도록 한다.

② 원래의 입술보다 1~2mm 정도 안쪽으로 그려준다.

③ 어두운 색상은 입술이 축소되어 보인다.

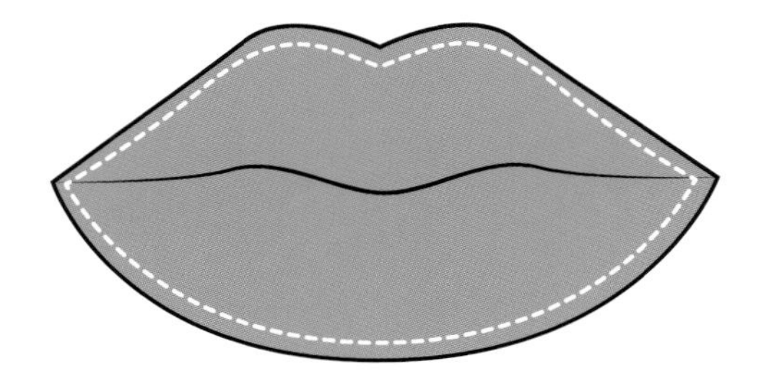

[그림 4-17] 크고 두꺼운 입술 수정

(3) 작은 입술

작은 입술은 자칫 소극적으로 보일 수 있다.

① 입술 끝(구각) 아랫입술을 1~2mm 정도 넓게 그린다.

② 피부 쪽으로 넓어진 부분은 입술 색과 다르기 때문에 입술선(Lip Line)은 한 톤 정도 진한 색을 선택하여 입술 색과 자연스럽게 어울리게 한다.

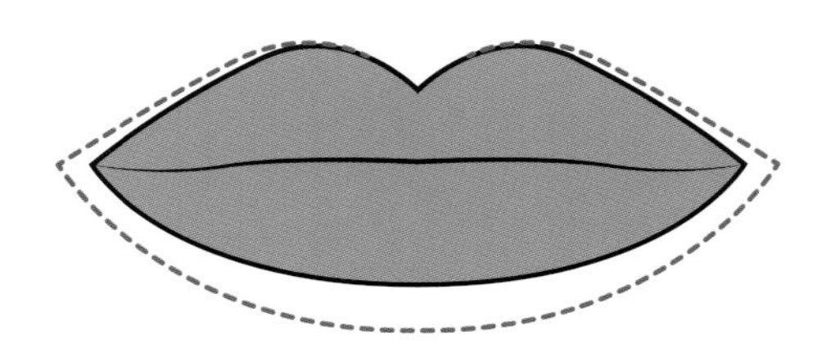

[그림 4-18] 작은 입술 수정

(4) 입술 끝이 처진 입술

입술 끝이 처진 입술은 우울해 보이거나 나이 들어 보일 수 있다.

① 윗입술 끝부분을 약간 위로 그려 입술 크기와 비슷하게 넓게 디자인한다.

② 입술산이 높으면 입술 끝이 더 처져 보일 수 있다.

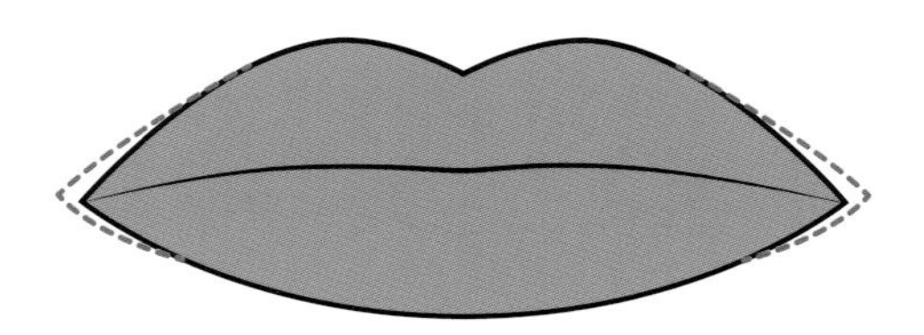

[그림 4-19] 입술 끝이 처진 입술 수정

Chapter
05 반영구화장(Semi-Permanent Make-Up)

1. 반영구화장의 역사

문신(文身, Tattoo)은 피부의 진피 또는 피하조직까지 색소를 주입시켜 글씨, 그림, 무늬 등을 새겨 넣는 것을 말한다. 몸에 치장한다는 의미를 지니고 있는 문신은 먹물을 사용한다고 해서 입묵(入墨)이라 불리고, 글자나 문양을 새겨 넣는다고 해서 자자(刺字)혹은 자문(刺文)이라 한다. 문신의 풍습은 원시시대 BC 2000년경 이집트 미이라와 세티 1세(재위 BC 1317~BC 1301)의 무덤에서 나온 인형(人形)에서 발견되었다. 일반적으로 문신은 원시 민족이 성년식을 행할 때, 생물학적 존재에 불과했던 인간이 사회학적인 존재, 즉 씨족이나 부족의 일원으로 다시 태어나는 날에 행해지며 할례(割禮), 발치(拔齒), 천이(穿耳) 등의 신체변공(身體變工)과 복합적으로 행해지는 경우가 많다. 또한, 문신은 신분을 나타내는 목적이나 결혼과 출산, 호적을 표기하기 위해 행해지기도 하였으나 주술적, 종교적인 의례 행위와 미학적 의미도 지니고 있다.

Tattoo의 어원은 폴리네시아 군도(群島)의 타히티 언어로 예술적이란 의미를 지닌 'Tatau', 즉 '치다'라는 뜻으로 아랍어의 'dapp'와 유사한 의미를 가진다. 이 두 단어는 날카롭고 뾰족한 도구를 이용하여 피부에 침투시키는 기술이라는 뜻에서 유래되었다는 것과 1700년대 후반 영국의 제임스 쿡(James Cook) 선장이 남태평양 항해 중 원주민들이 문신을 타토우(Tattow)로 부르고 있었으며, 유럽으로 건너가 현재의 타투(Tattoo)라는 단어가 생겨났다고 한다.

[그림 5-1] 뉴칼레도니아 박물관에 소장된 제임스 쿡 선장

문신 기계는 1875년 토마스 에디슨(Thomas Alva Edison)이 발명한 손으로 쓴 문서와 그림을 복제하기 위해 만들어진 전기 펜이 시초가 된 것으로 알려져 있다. 1891년 문신 예술가로 활동하던 사무엘 오렐리(Samuel F. O'Reilly)는 에디슨의 전기 펜을 기반으로 하되 잉크를 피부 속으로 밀어 넣기 위해 펜촉 부분만 바늘로 교체하여 에디슨의 기계를 피부에 사용하였고, 전기 타투 기계(Electric Tattoo Machine)의 발명은 문신 산업에 있어 엄청난 혁명을 일으켰으며, 그 후 사무엘 오렐리는 문신의 역사를 바꿔 버린 인물로 평가받고 있다.

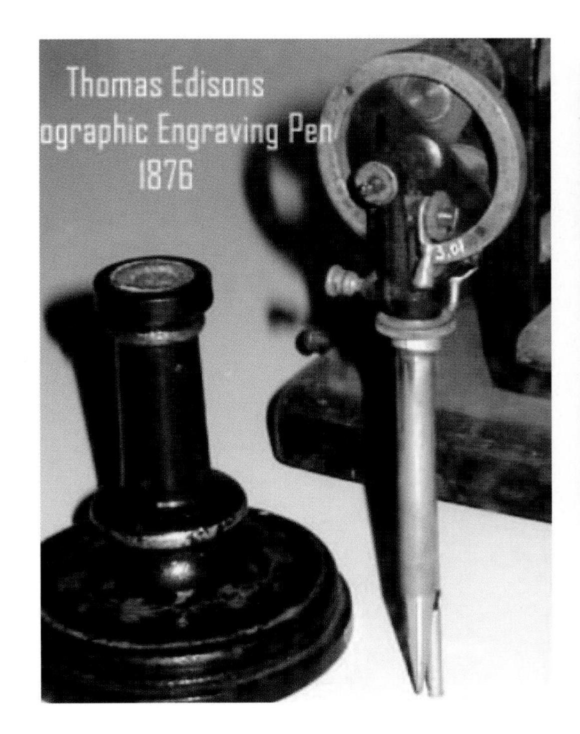

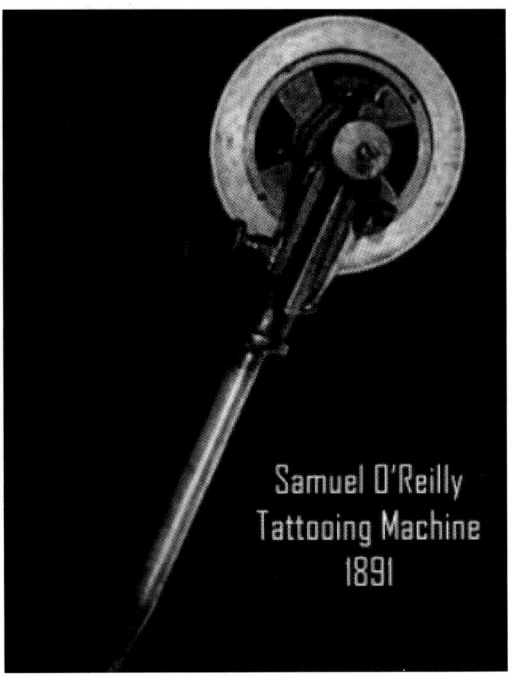

[그림 5-2] 전기 타투 기계(출처: 매거진k)

1900년대에 찰스 와그너(Charles Wagner)는 재건 성형 후 문신 기술로 입술, 뺨, 눈썹에 자연스럽게 색을 입히는 기기와 화학적인 문신 제거법을 개발하기도 했다. 1948년 지오라(Giora)는 미용 목적으로 아이라인과 눈썹을 작업한 후 논문을 최초로 발표하였고, 1980년대 대만이나 중국 등에서 눈썹 미용 문신이 성행하여 한국에서 많은 미용인들이 대만에 가서 기술을 습득하거나 기술인을 초청하여 교육을 실시하였다. 1986년 찰스 즈웰링(Charles Zwerling)은 마이크로 피그먼테이션(Micropigmentation, 미세 색소침착술)이라는 책을 발간하였다.

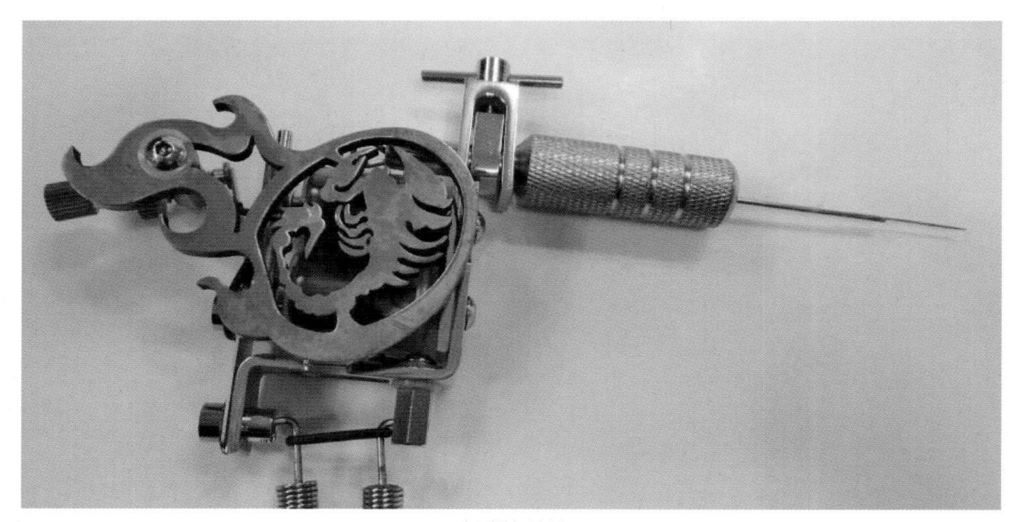

손잡이 부분

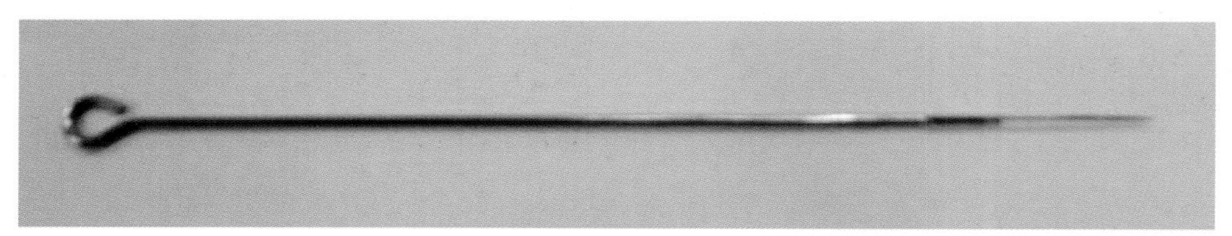

문신바늘

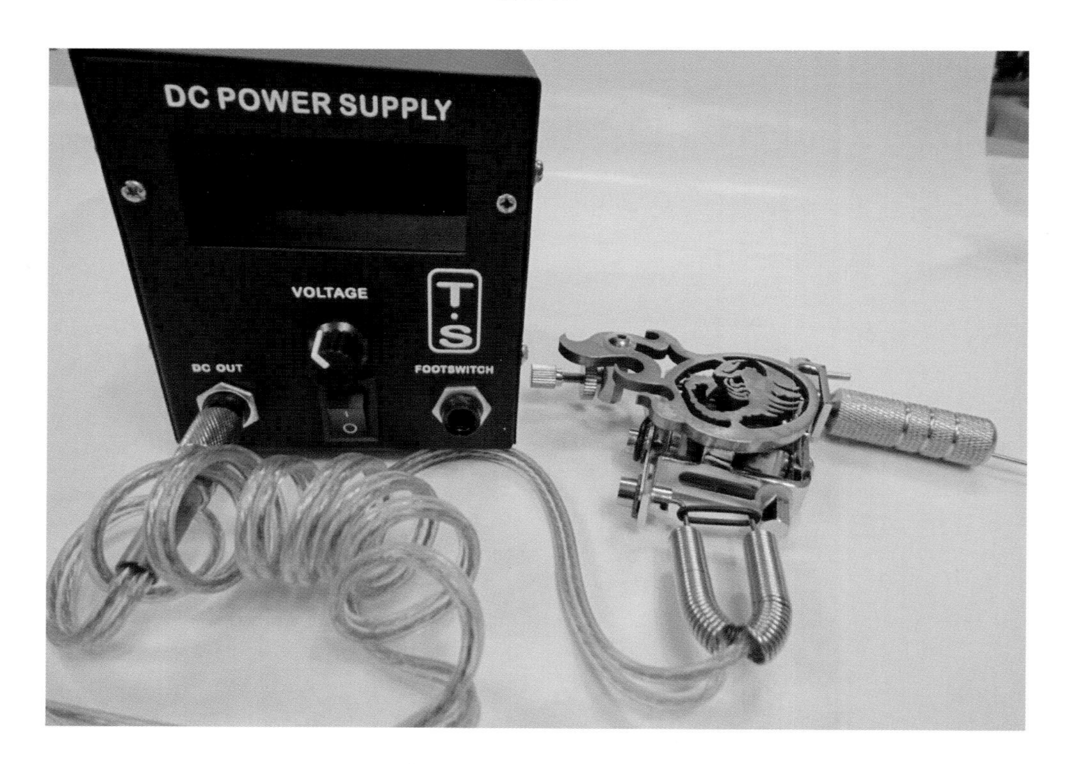

[그림 5-3] 문신 기기

1990년도에 저자(김도연)는 대만에서 미용 문신을 배우고 기법이나 색소의 부작용 등이 고객의 안전과 미적인 문제를 야기시킨다는 인식으로 활용성이 없다고 생각하였다. 1990년대 한국에서의 미용 문신의 수요가 많아지면서 그에 따른 문제점들이 도출하여 법적인 문제가 대두되었다. 이후 반영구화장은 오랜 역사를 가진 문신이 모토가 되어 꾸준하게 발전하였지만, 작업 부위나 사용되는 기기의 유사성이 있는 미용 문신과 신체(身體)에 하는 문신과는 차별성이 많으나 불려지는 용어와 개념은 동일한 것으로 인식되었다. 2000년 ㈜더스킨컴퍼니 대표인 저자(김도연)가 텐더 터치(Tender Touch), 즉 부드러운 터치로 색소를 착색시킨다는 뜻을 가진 세미 퍼머넌트 메이크업(Semi-permanent Make-Up, 반영구화장)에 사용되는 기기와 색소를 수입하면서 반영구화장에 대한 기술과 색소, 변색된 색상의 수정 등의 체계적인 교육을 받고 저자의 스승인 토마스(Tomas) 선생을 한국에 초청하여 미용 문신과 동질성은 있으나 색소나 기법 등의 큰 차이가 있음을 강조하며 반영구화장의 전문적인 교육을 시작하였다. 2002년 세미퍼머넌트 메이크업(반영구화장)협회가 창설되면서 반영구화장 용어 사용이 본격화되었고, 기존의 미용 문신과의 인식 변화와 함께 일반화되기 시작하였다.

2010년대부터 시작된 한국의 K-Beauty에 한몫을 담당했던 반영구화장이 한국을 필두로 세계적으로 활성화되어 반영구화장사의 1~2회 작업으로 아름다움과 편리함을 제공받는 반영구화장술이 하나의 산업으로 관심을 받고 있다.

반영구화장은 작업 기법이나 사용하는 색소의 특성에 따라 미용 문신과의 차별성을 인식시키기 위해 또는 국가마다 정서나 언어적인 표현 방법에 따라 다양한 용어로 사용되며 불리고 있다. 또한, 한 국가 내에서도 같은 기법을 작업자에 따라서 차별성을 부각시키기 위해 불리는 용어도 다양하다.

한국은 일정 기간이 지나면 지워진다는 의미로 반영구화장(Semi-permanent Make-Up), 미국은 쉽게 지워지지 않는다는 의미가 담긴 영구화장(Permanent Make-Up), 유럽에서는 윤곽 화장의 의미로 컨투어 메이크업(Contour Make-Up) 또는 미세한 색소를 착색시킨다는 의미로 마이크로 피그먼테이션(Micropigmentation), 오랜 기간 유지된다는 의미로 롱타임 메이크업(Longtime Make-Up), 일본은 예술적 화장의 의미로 아트 메이크업(Art Make-Up), 중국은 한국의 영향을 받아 반영구화장(半永久化粧)으로 표현되고 있다.

[표 5-1] 국가별 반영구화장 용어 및 작업 영역

국가	용 어	선호하는 작업 영역
한국	반영구화장 (세미 퍼머넌트 메이크업 Semi-permanent Make-Up)	- 일반화장: 눈썹, 아이라인, 입술 - 특수화장: 두피(Alopecia), 흉터(Scar), 유륜(Areola), 유두(Nipple), 백반증(Leukoplakia)등
미국	퍼머넌트 메이크업 (Permanent Make-Up, 영구화장)	- 일반화장: 눈썹, 아이라인, 입술 - 특수화장: 두피, 흉터, 유륜, 유두 등
유럽	롱타임 메이크업 (Long Time Make-Up)	- 일반화장: 눈썹, 아이라인, 입술, 아이섀도우(Eyeshadow), 블러셔(Blusher) - 특수화장: 두피, 흉터, 유륜 등
	컨투어 메이크업(Contour Make-Up)	
	마이크로 피그먼테이션 (Micropigmentation)	
일본	아트 메이크업(Art Make-Up)	- 일반화장: 눈썹, 아이라인, 입술
중국	반영구화장(半永久化粧)	- 일반화장: 눈썹, 아이라인, 입술

2. 영구화장과 반영구화장의 구분

영구화장과 반영구화장은 기기와 색소를 이용하여 점이 선을 만들고 선이 면을 채워 주어 하나의 형태를 만든다. 영구화장과 반영구화장은 미를 추구하는 본질적 목적과 표현에서는 유사성을 가지고 있으나, 세부적인 목적과 소구 대상, 표현과 사용되는 색소와 작업 방법에서 큰 차이가 있어 색상 표현과 유지 기간 등의 차이점이 있다.

1) 영구화장

영구화장의 주요 작업 부위는 눈썹, 아이라인, 입술에 미용 목적의 화장술로 적용되어 왔다.

영구화장은 피부의 탈각화가 진행되지 않는 진피 및 피하조직까지도 색소를 침투시켜서 오랜 시간이 지나도 색소가 남아있지만, 피부세포의 탈각화가 진행되는 표피층에는 색소가 남아있지 않다.

① 색소를 진피 및 피하조직에 침투시켜 착색이 쉬우나 사실감이 없다.
② 진피층 및 피하조직에 침투된 색소는 피부 유형과 관계없이 영구적으로 유지된다.
③ 진피층에 침투된 색소는 진피의 조직액과 만나 퍼질 수 있다.
④ 진피층에 침투된 색소는 변색이 되어 자연스럽지 못하다.
⑤ 진피층 및 피하조직까지 주입시켜 작업 시 통증이 심하며 혈관 자극으로 피가 난다.
⑥ 표피층에 착색된 색소는 피부세포의 신진대사로 없어지지만 탈각화가 진행되지 않은 진피층과 피하조직의 침투된 색소는 영구적으로 남아 있다.

참고

- 기존의 미용 문신은 대체적으로 천연 안료보다는 화학 염료를 사용하는 경우가 많았다.
- 영구화장은 오랜 시간이 지나면서 색소가 진피층에 남아 있지만 탈각화가 진행되는 표피층은 색소가 남아 있지 않아 투명하게 보인다.

2) 반영구화장

반영구화장은 피부과학에 입각하여 연구 발전하였다.

반영구화장의 미용 목적인 주요 작업 부위는 눈썹, 아이라인, 입술, 아이섀도, 블러셔가 있으며 특수화장 목적으로는 백반증, 흉터 등 미약한 부분의 색소 보강, 훼손된 부분의 색소 복원 등 위장술로 자연스러운 표출을 목적으로 하고 있다.

① 색소와 작업자의 기법, 피부 유형에 따라 약 6개월에서 1년 이상 유지된다.

② 색상이 다양하여 피부색에 맞는 자연스러운 연출이 가능하다.

③ 색소가 번지거나 변색이 없어 이미지가 자연스럽다.

④ 안전이 검증된 색소는 알레르기 유발 가능성이 거의 없다.

⑤ 다양한 기법으로 피부 손상을 최소화한다.

⑥ 바늘 등 일회용 도구를 사용하여 감염 가능성이 없다.

⑦ 탄력성이 있는 필이나 충격 완화 장치가 있는 바늘을 이용하여 피부 표피층에 착색시키므로 작업 시 통증이 적다

⑧ 침투된 색소는 신진대사로 인한 표피층의 탈각화가 진행되어 색상이 자연스럽게 없어진다.

참고

표피층과 진피층의 경계선은 곡선으로 이루어져 진피층의 상부 유두층에 부분적으로 착색될 수 있다.

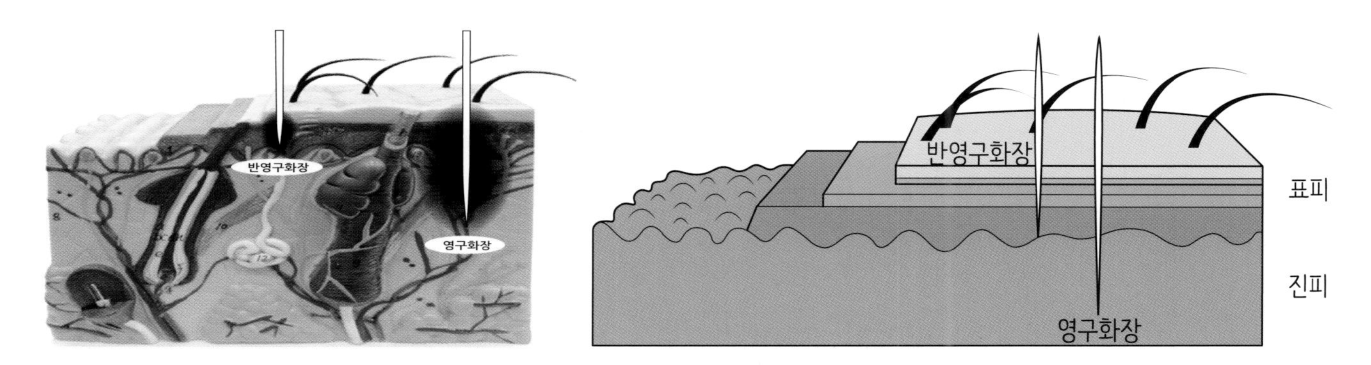

[그림 5-4] 영구화장과 반영구화장의 바늘 터치 부위 비교

[표 5-2] 영구화장과 반영구화장의 비교

	영구화장	반영구화장
미적 표현	인위적인 표현과 부자연스러운 미 표출	미약한 부분의 보강, 훼손된 부분의 복원 등 자연스러운 미 표출
작업 부위	눈썹, 아이라인, 입술	눈썹, 아이라인, 입술, 아이섀도, 블러셔, 백반증, 흉터 등
유지 기간	영구적 유지	반영구적 유지
색소	염료	안료
색소 착색	착색 잘됨. 변색, 번짐 심함	착색 잘되지 않음. 변색, 번짐 적음
통증	통증 심함	통증 적음
색소 알레르기	색소의 안전이 검증되어도 진피층에 남아 알레르기 유발 가능성이 높음	안전이 검증된 색소는 표피층의 탈각화로 알레르기 유발 가능성이 거의 없음
색상 표현	신진대사로 탈각화 진행으로 표피층에는 색소가 없고 진피층에는 색소가 남아 있어 부자연스러움	신진대사로 표피의 탈각화가 진행되어도 색소를 바른 느낌으로 자연스럽게 유지되면서 없어짐
색소 주입 깊이	진피층 및 피하조직을 터치하여 피가 남	표피층 또는 진피의 상부까지 터치로 피가 나지 않음
기법	기법(테크닉, Technique)이 단순함	기법이 다양하여 피부 유형이나 작업 부위에 따라 변화 가능
수정	부분 수정 불가능	부분 및 전제적 수정 가능

참고

- 영구화장과 반영구화장은 작업자의 기법(Technique)과 사용하는 색소에 따라 구분된다고 할 수 있다.
- 표피층에는 혈관과 신경은 거의 없지만 중추신경계와 관련되어 표피층에 작업하여도 통증을 느낀다.

3. 반영구화장의 종류

반영구화장은 목적에 따라 크게 두 종류로 나눌 수 있다. 반영구화장의 유형은 미용을 목적으로 하는 뷰티 반영구화장(Beauty Semi-permanent Make-Up)과 피부색 복원 등의 성형 효과를 지닌 특수 반영구화장(Special Semi-permanent Make-Up)으로 구분할 수 있다.

1) 뷰티 반영구화장(Beauty Semi-permanent Make-Up)

① 영구적이지 않으므로 유행이나 취향에 따라 수정이 가능하며 다양한 색상과 풍부한 색조로 자연스러운 연출이 가능하다.

② 화장술 측면인 아이라인, 눈썹, 블러셔, 아이섀도, 입술 등에 색소를 자연스럽게 착색시켜 일정 기간 유지되는 화장으로 좀 더 생기 있는 아름다움을 지속하는 미용을 목적으로 하는 화장술이다.

2) 특수 반영구화장(Special Semi-permanent Make-Up)

① 영구적이지 않은 단점이 있지만, 비수술로 결점을 보완하여 개개인의 피부색이나 자연스러운 색의 연출이 가능하여 삶의 질을 높여 주기 위한 특수 화장술이다.

② 빈모나 상처로 생긴 흉터, 반점, 백반증, 화상으로 인한 흉터, 수술 흉터 등 정상 피부색과 다른 색(색소 부족, 과색소 침착)으로 인한 미관 손상에 재색소 침착술로 결점을 보완하는 특수 화장술이다.

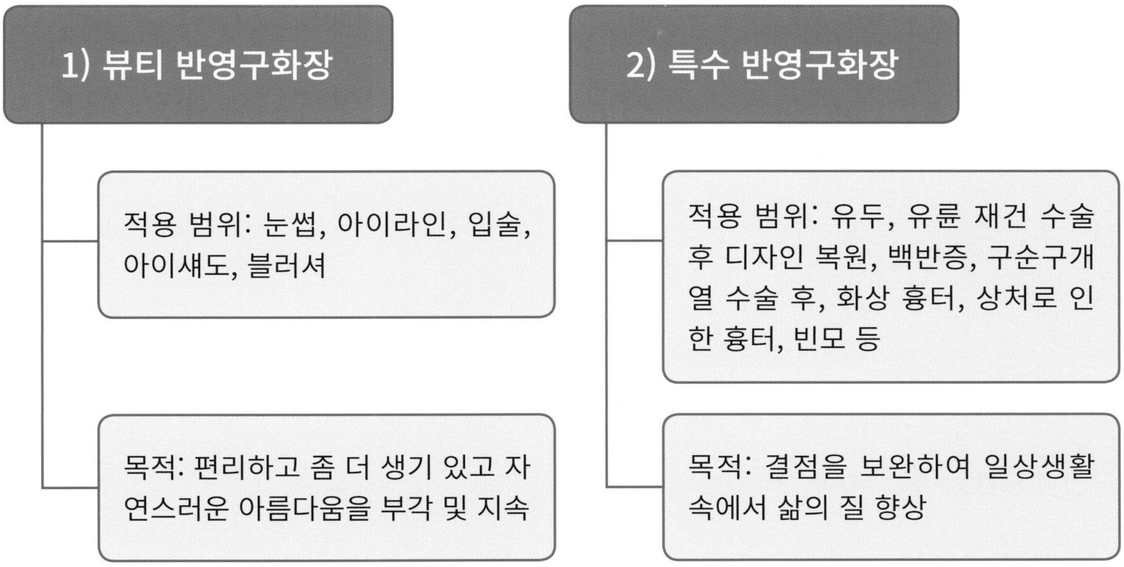

1) 뷰티 반영구화장	2) 특수 반영구화장
적용 범위: 눈썹, 아이라인, 입술, 아이섀도, 블러셔	적용 범위: 유두, 유륜 재건 수술 후 디자인 복원, 백반증, 구순구개열 수술 후, 화상 흉터, 상처로 인한 흉터, 빈모 등
목적: 편리하고 좀 더 생기 있고 자연스러운 아름다움을 부각 및 지속	목적: 결점을 보완하여 일상생활 속에서 삶의 질 향상

[그림 5-5] 뷰티 반영구화장과 특수 반영구화장의 범위와 목적

4. 반영구화장의 효과

반영구화장은 전문가에 의해 포인트 메이크업(Point Make-Up, 눈썹, 아이라인, 입술) 작업으로 노 메이크업(Bare Face, 맨 얼굴, 민낯)이었을 때에 입체감 있는 화장으로 유지되지만 TOP(Time, Occasion, Place)에 맞는 화장이 필요할 때에는 언제든지 커버(Cover) 등이 가능한 자연스러운 화장을 말하며 효과는 다음과 같다.

① 눈썹, 아이라인, 입술 등의 미약한 부분을 보강하여 아름다움을 증대시켜 준다.
② 화장으로 소비되는 많은 시간이 절약된다.
③ 화장하는 것이 서툴거나 자신이 없을 때 좋다.
④ 화장 전문가의 화장을 오랫동안 유지된다.
⑤ 수영, 운동, 사우나, 땀이나 음식 섭취 후에도 화장이 유지된다.
⑥ 뚜렷한 눈매, 생기 있는 입술을 표현해 준다.
⑦ 특수 반영구화장은 백반증, 흉터, 적은 머리숱 등의 결점을 보완해 준다.
⑧ 30여 가지 이상의 색상으로 눈동자 색, 피부색과 조화로운 화장으로 자연스러운 아름다움을 연출하고 유지할 수 있다.

Chapter
06 반영구화장에 사용되는 기구 및 용어

반영구화장 기계는 반영구화장 전문 펜(Pen) 형태의 펜 기기(Pen, 手器機)와 전기를 이용한 전동 기계(電動機械, Electronic Machine, Rotary Machine)가 있다.

1. 펜 기기

펜에 전용 바늘(Microblade)을 장착하여 펜 기법에 사용되는 펜 기기는 일반적인 아날로그형(Analog Type)과 충격 완화 장치가 있는 디지털형(Digital Type)이 있다.

1) 아날로그형

바늘을 장착할 때 바늘의 각도를 조절해야 한다.

반영구화장 작업 중 손의 압력이 그대로 피부에 전달된다.

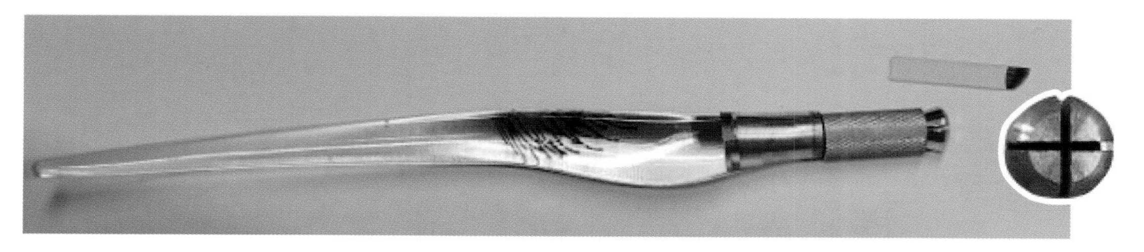

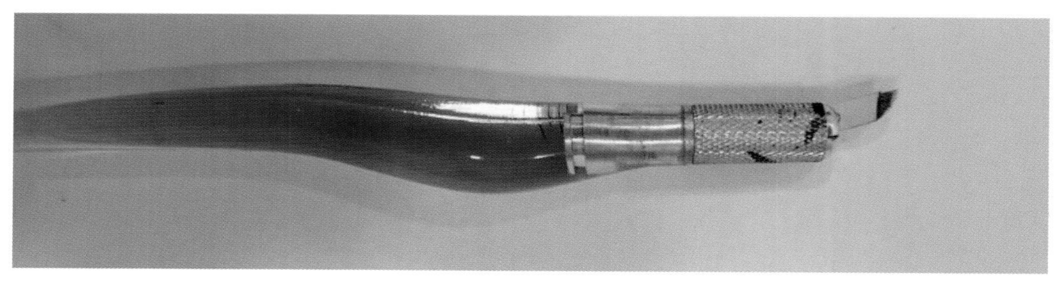

[그림 6-1] 아날로그형 마이크로블레이딩(Microblading) 펜 기기

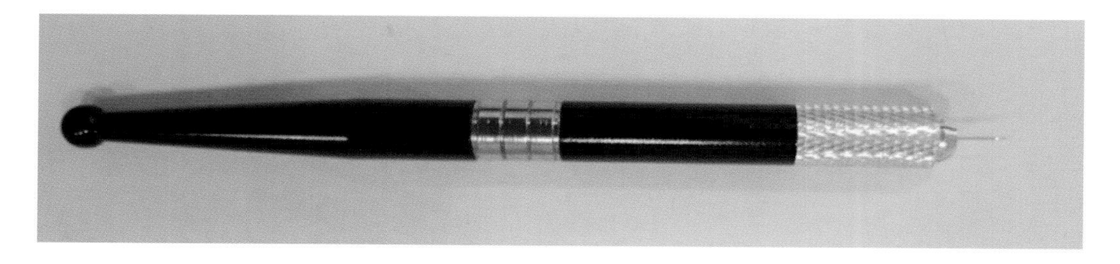

[그림 6-2] 아날로그 수지침형 펜 기기

2) 디지털형 펜 기기

바늘의 각도가 정해져 장착이 용이하다.

작업 중 손의 압력이 펜(Pen)에서 흡수하여 피부에 자극이 적다.

[그림 6-3] 디지털형 펜 기기

3) 펜 기기의 바늘

작업자나 작업 부위에 따라 선택해서 사용한다.

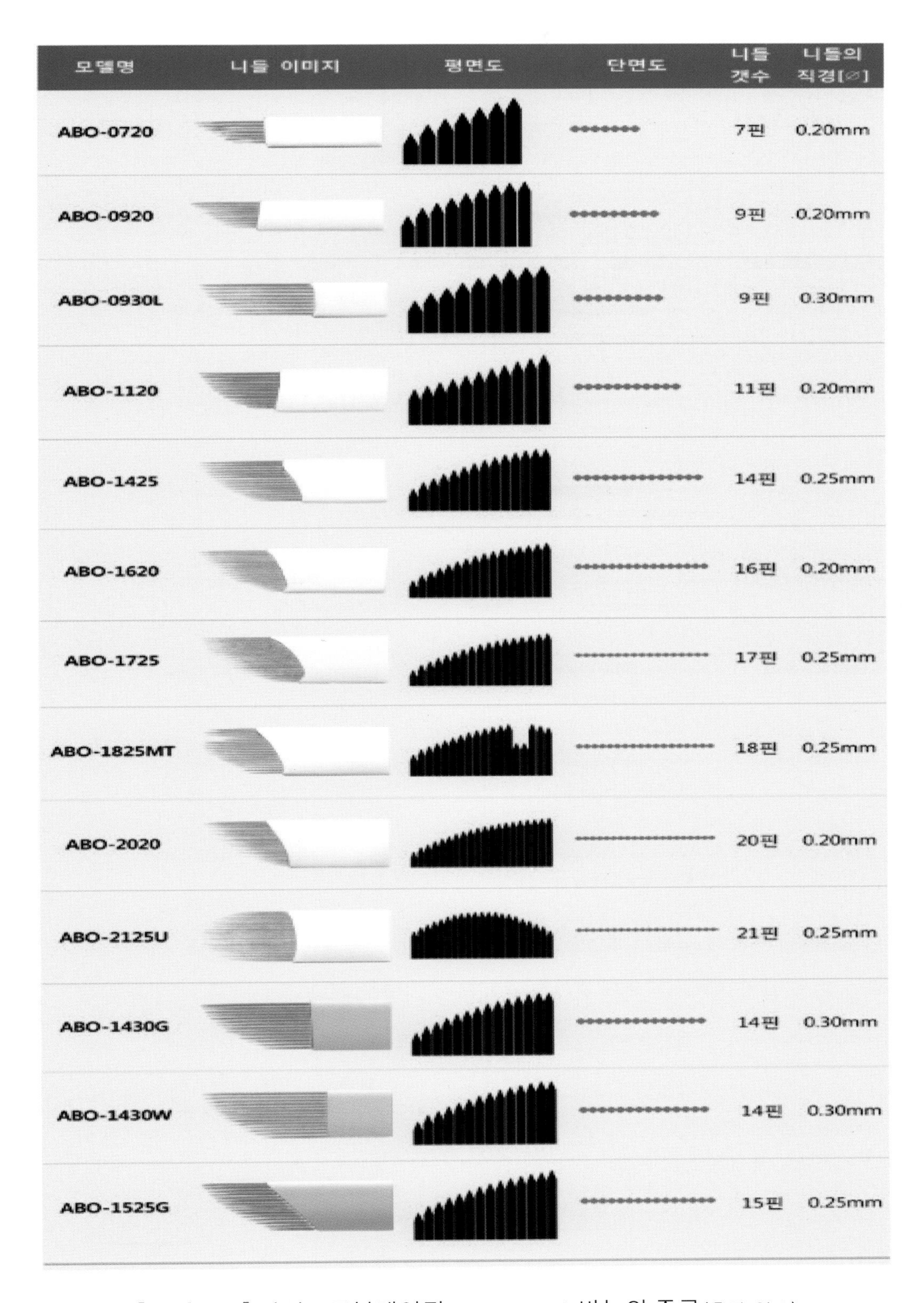

모델명	니들 이미지	평면도	단면도	니들 갯수	니들의 직경[⌀]
ABO-0720				7핀	0.20mm
ABO-0920				9핀	.0.20mm
ABO-0930L				9핀	0.30mm
ABO-1120				11핀	0.20mm
ABO-1425				14핀	0.25mm
ABO-1620				16핀	0.20mm
ABO-1725				17핀	0.25mm
ABO-1825MT				18핀	0.25mm
ABO-2020				20핀	0.20mm
ABO-2125U				21핀	0.25mm
ABO-1430G				14핀	0.30mm
ABO-1430W				14핀	0.30mm
ABO-1525G				15핀	0.25mm

[그림 6-4] 마이크로블레이딩(Microblading) 바늘의 종류(출처: 알스)

모델명	니들 이미지	단면도	니들 갯수	니들의 모양	피복 유/무
HAND-1R			1핀	ROUND	O
HAND-2R			2핀	ROUND	O
HAND-3R			3핀	ROUND	O
HAND-5R			5핀	ROUND	O
HAND-7R			7핀	ROUND	O
HAND-2RL			2핀	ROUND	X
HAND-3RL			3핀	ROUND	X
HAND-5RL			5핀	ROUND	X
HAND-7RL			7핀	ROUND	X
HAND-3FL			3핀	FLAT	X
HAND-5FL			5핀	FLAT	X
HAND-6FL			6핀	FLAT	X
HAND-7FL			7핀	FLAT	X

[그림 6-5] 펜 기기와 아날로그 전동 기기의 바늘 종류(출처: 알스)

2. 전동 기계(Electronic Machine)

반영구화장 전동 기계는 상하작용과 회전(Rotary)을 하여 부착된 바늘이 피부에 색소를 착색시키는 아날로그형과 디지털형의 두 종류가 있다.

1) 아날로그형

① 바늘과 바늘 캡을 조립해서 사용해야 하는 불편함이 있다.

② 기계의 속도나 강도(RPM) 조절이 다양하지 않다.

③ 타격감이 강해 색소 착색이 잘되나 통증을 많이 느낀다.

④ 타격감이 불규칙하여 섬세한 기법을 할 때 가끔 피부가 바늘에 뜯기는 경우도 있다.

⑤ 바늘을 장착하고 바늘 캡을 씌우면 기계 구조상 바늘이 한쪽으로 치우쳐 있다.

[그림 6-6] 아날로그 기계 1형

[그림 6-7] 아날로그 기계 2형

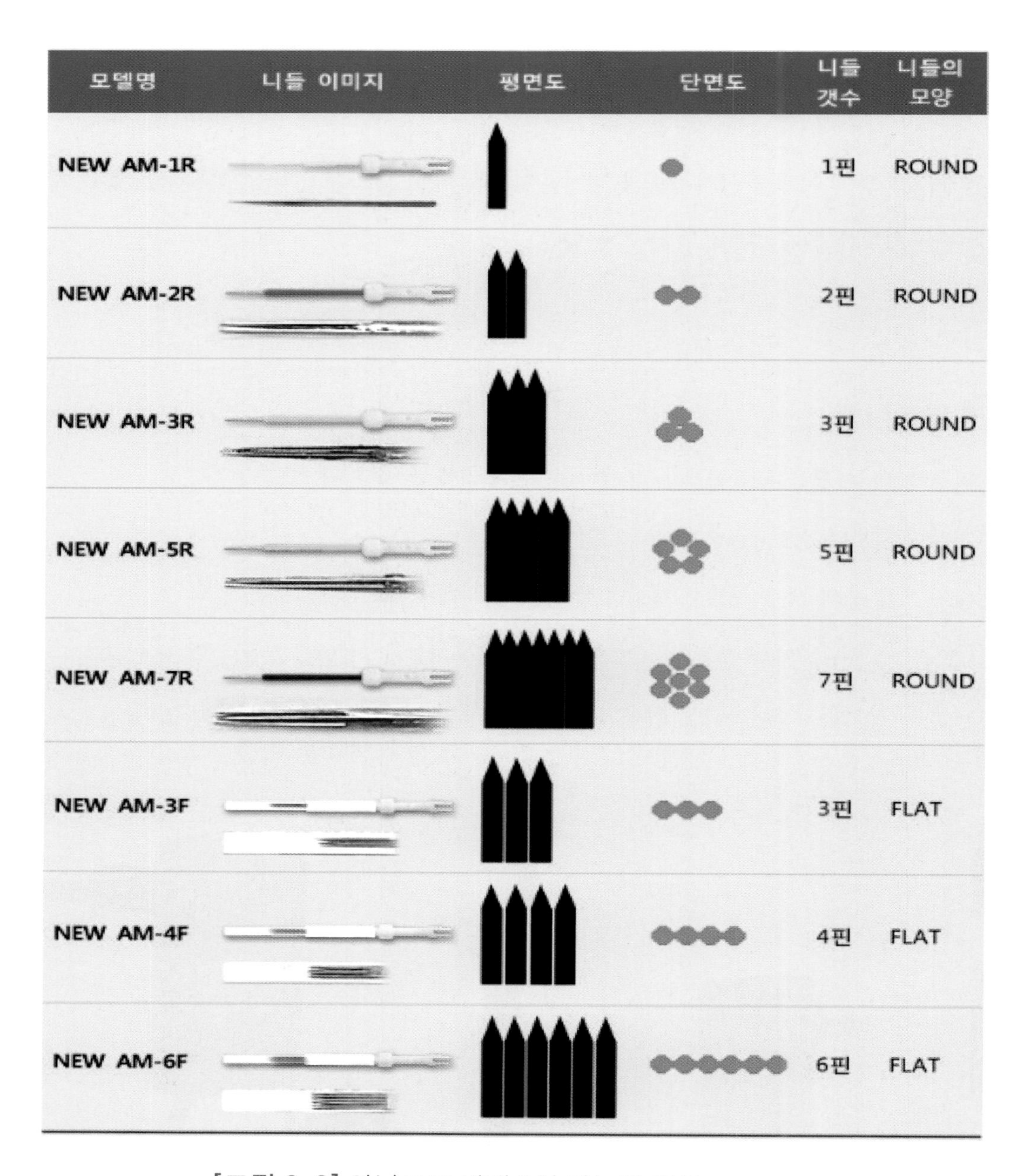

모델명	니들 이미지	평면도	단면도	니들 갯수	니들의 모양
NEW AM-1R				1핀	ROUND
NEW AM-2R				2핀	ROUND
NEW AM-3R				3핀	ROUND
NEW AM-5R				5핀	ROUND
NEW AM-7R				7핀	ROUND
NEW AM-3F				3핀	FLAT
NEW AM-4F				4핀	FLAT
NEW AM-6F				6핀	FLAT

[그림 6-8] 아날로그 기계 2형 바늘의 종류(출처: 알스)

2) 디지털형

① 바늘과 바늘 캡이 일체형으로 장착된 카트리지로 바늘이 중앙에 있다.

② 기계의 속도 조절이 다양하고 기계 조작이 터치식으로 편리하다.

③ 타격감이 일정하고 카트리지의 쿠션작용으로 피부 자극이 적다.

④ 타격감이 약해 색소 착색이 잘되지 않아 작업 시 피부 텐션(Tension)이 중요하다.

[표 6-1] 기기의 종류와 장단점

기기 종류	장점과 단점	
펜 기기 (Pen)	장점	▪ 기계 소음이 없다. ▪ 조작이 쉽다. ▪ 기법 습득이 쉽다. ▪ 가격이 저렴해 경제적이다. ▪ 전기 없이 작업이 가능하다.
	단점	▪ 다양한 기법 구사가 어렵다. ▪ 작업 부위가 제한적이다. ▪ 작업 시 종이를 베이는 소리가 난다 ▪ 피부 손상도가 높다. ▪ 자칫 점 형태로 남을 수 있다
전동 기계 (Machine)	장점	▪ 다양한 기법 구사가 가능하다. ▪ 다양한 부위에 작업할 수 있다.
	단점	▪ 기계 진동소리가 있다. ▪ 조작을 숙지하여야 한다. ▪ 펜 기기에 비해 가격이 비싸다. ▪ 전기 사용으로 장소 제한이 있다.

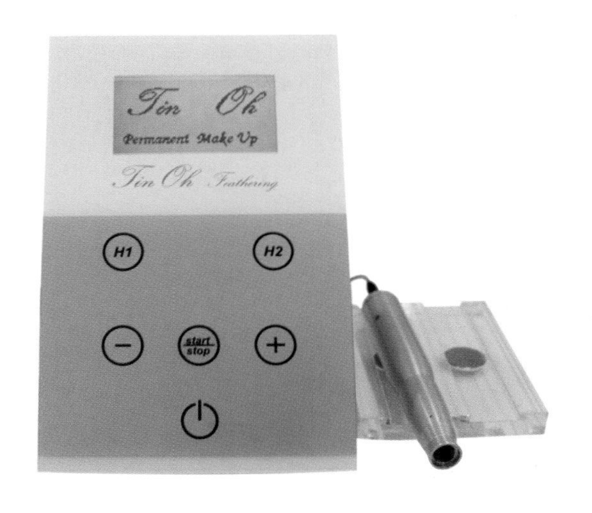

[그림 6-9] 디지털 기계

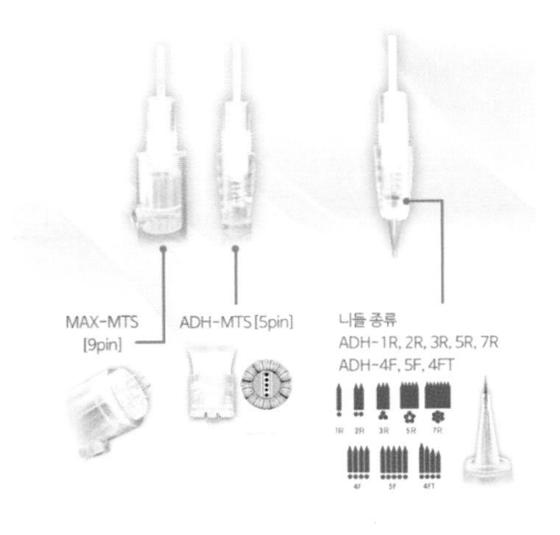

[그림 6-10] 디지털형 바늘의 모형

모델명	니들(침끝) 이미지	평면도	단면도	니들 갯수	니들의 직경[∅]
ADH-1R25				1핀	0.25mm
ADH-1R				1핀	0.40mm
ADH-1R50				1핀	0.50mm
ADH-2R				2핀	0.40mm
ADH-3R				3핀	0.30mm
ADH-5R				5핀	0.30mm
ADH-7R				7핀	0.30mm
ADH-4F				4핀	0.35mm
ADH-4FT				4핀	0.35mm
ADH-5F25				5핀	0.25mm
ADH-5F				5핀	0.35mm
ADH-7M25				7핀	0.25mm
ADH-7M30				7핀	0.30mm
ADH-9F25				9핀	0.25mm
ADH-9F30				9핀	0.30mm
ADH-MTS				5핀	0.25mm
MAX-MTS				9핀	0.20mm
AGN-30				30핀	

[그림 6-11] 디지털형 바늘의 종류(출처: 알스)

참고

- RPM: 기계의 회전 속도(Revolutions Per Minute)로 1분 동안 회전수를 말한다.
- 기기의 세기에 따라 작업자의 작업 속도 조절이 필요하다.
- 카트리지의 충격 완화: 일정한 압력 이상을 가하며 바늘이 어느 한계 이상은 물체에 침투되지 않고 바늘 캡 안으로 들어가는 것을 말한다.

3) 바늘

바늘 묶음의 개수나 형태에 따라 프롱(Prong), 라운드(Round), 플랫(Flat)으로 구분된다.

① 프롱(핀, Pin): 한 묶음의 바늘의 개수를 말한다

② 라운드: 바늘의 형태가 원형을 말한다.

③ 플랫: 바늘의 형태가 일자형(F), 사선형(FT)을 말한다.

④ MTS(Microneedle Therapy System): 흉터 자극이나 레이저로 피부가 경직되어 있는 부위의 신진대사 촉진을 위해 반영구 작업 4주 전에 사용한다.

바늘 종류	단면 모양	적용 부위
1R	●	눈썹, 아이라인
3R		아이라인, 입술
5R		아이라인, 입술
7R		입술
4F	●●●●	눈썹, 입술
5F	●●●●●	눈썹, 입술
4FT	●●●●	눈썹, 입술
MTS		피부

[그림 6-12] 디지털형 바늘의 종류에 따른 적용

Chapter
07 색 소

색소는 가시광선을 선택적으로 흡수 또는 반사함으로 고유한 색의 물질을 색소라고 하며 크게 염료와 안료가 있다.

1. 염료(Dye)

용매에 용해된 상태로 사용하는 것을 염료라 하며 물이나 기름에 잘 녹고 섬유, 물질이나 가죽 등을 염색하는데 주로 쓰이는 색소를 말한다.

2. 안료(Pigment)

용매에 분산시켜 입자 상태로 사용하는 것을 안료라 하며, 안료는 물이나 기름에 잘 안 녹는 특성을 가지고 있다.

안료에는 유기안료와 무기안료가 있다.

① 물, 용제에 녹지 않아 메이크업 제품에 10~50% 비율로 사용한다.

② 안료는 빛을 반사, 차단시키며 커버력, 착색력과 내광력이 우수하다.

1) 유기안료(Organic Pigment)

색상은 화려하나 빛, 산, 알칼리에 약하며 구조 내부에 가용성기를 갖지 않는 유색 분말, 립스틱, 블러셔 등 널리 이용한다.

2) 무기안료(Inorganic Pigment, 광물성 안료)

색상이 화려하지 않으나 빛, 산, 알칼리에 강하며 천연에서 생산되는 광물 등은 불순물의 함유량이 많아 색소가 선명하지 않고 합성 무기화합물을 주로 사용하며 분체(가루)로 주로 파우더, 투웨이 파우더, 베이비파우더 등의 분말 화장품과 파운데이션에 배합한다.

① 체질안료, 착색안료의 희석제로 색조 조정, 제품의 사용 감촉에 큰 영향을 미치며 제품의 제형을 유지해 준다.

- 마이카(Mica), 탈크(Talc), 카올린(Kaolin)은 커버력이 적은 백색의 분체이며 색조 조절, 퍼짐성, 부착성, 땀, 피지의 흡수성과 광택 조절 등의 효과가 있다.

② 착색안료: 화장품에 색상과 색조를 조정해 주는 역할을 한다.

- 파우더, 파운데이션, 블러셔 등의 제품에 매우 중요하다.

③ 백색안료: 높은 굴절률에 의해 커버력이 우수하다.

- 이산화티탄(Titanium Dioxide), 산화아연(Zinc Oxide) 등이 있다.

Chapter 08

반영구화장 색소

반영구화장에 사용되는 색소는 안료(Pigment)를 사용한다.

안료는 물이나 기름에 용해되지 않는 색을 가진 산화철과 탄소로 이루어진 미세한 분말이다. 즉 안료는 용매에 녹지 않으나 염료(Dye)는 용매에 녹기 때문에 피부 속에서 녹아 퍼질 수 있으며, 무기안료보다 유기안료 색소의 입자가 더 작아서 탈색이나 알레르기 유발이 더 높다.

안료의 입자는 6마이크론 이상일 때 색소가 흡수되거나 쉽게 빠지지 않고 발색이 잘된다.

[그림 8-1] 반영구화장에 사용되는 색소

1. 반영구화장 색소의 주성분

반영구화장 색소는 안료에 여러 가지 성분을 섞어 고온에서 열과 압력으로 살균 처리 과정을 거쳐 색소를 만들며 배합 성분은 다음과 같다.

[표 8-1] 색소 배합 성분

	성분	작용
색소 가루	Iron Oxide	색상을 결정 철과 산소의 화합물
용매제	Isopropyl Alcohol	방부제 작용 액체, 투명, 무채색, 알코올 냄새, 쓴맛
	Deionized Water	제형 작용 이온교환 수지로 정제한 물
첨가제	Glycerin	방부작용, 희박 용액의 자극을 완화, 국소를 연화. 농도가 높으면 피부 자극이나 주변으로부터 수분을 흡수하여 건조해짐

참고

- 유기안료는 무기안료에 비해 빛깔이 선명하고 착색력이 뛰어나며, 임의의 색조를 얻을 수 있으나 내광성이나 내열성이 떨어지고, 유기용제에 녹아 색이 번질 수 있다.
- 반영구화장에 사용되는 안료는 무기안료를 사용하는 것이 안전하다.
- 색소의 농도는 반영구화장 색소 전용 솔루션(Solution, 희석제)으로 조절한다.

2. 반영구화장 색소의 유형

반영구화장 색소는 제형에 따라 에멀션 타입(Emulsion Type), 크림 타입(Cream Type), 파우더 타입(Powder Type)으로 나누어져 있다.

1) 크림 타입

펜 기기를 사용할 때 주로 사용한다.

2) 에멀션 타입

전동 기기를 사용할 때 주로 사용한다.

3) 파우더 타입

안료 가루에 반영구화장 색소 전용 솔루션(Solution, 희석제)을 희석하여 사용한다.

크림 타입

파우더 타입

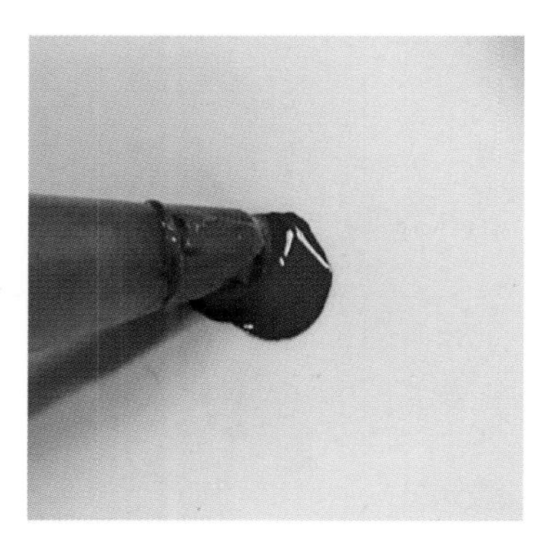

에멀션 타입

[그림 8-2] 반영구화장 색소의 유형

3. 반영구화장의 좋은 색소 조건

① 안료가 70% 이상, 알코올, 물, 글리세린이 약 30% 미만이 좋다.

② 색소가 마르면 가루 상태로 되어야 한다.

③ 자가 검사를 필하고 자가 번호가 부착된 제품이어야 한다.

④ 작업 후 색소가 번지지 않아야 한다.

⑥ 작업 4주 후 피부에 색소 착색이 안정되어야 한다.

4. 반영구화장 색소를 고르는 방법

① 멸균 상태로 밀봉 상태를 확인한다.

② 전 성분 표기(MSDS)를 확인한다.

③ 제조 날짜를 확인한다.

④ 제조국과 제조사를 확인한다.

⑤ 유해 성분이 있는지 확인한다.

⑥ 안전검사를 받았는지 확인한다.

⑦ 성상, 입자 크기 등을 체크한다.

5. 반영구화장 색소 사용 및 보관상 주의사항

① 서늘한 곳에 보관해야 한다.

② 직사광선을 피해야 한다.

③ 유효 기간은 개봉 전 2년, 개봉 후 1년으로 한다.

④ 타 제품과 희석 사용해서는 안 된다.

⑤ 열고 닫을 때 청결에 주의해야 한다.

⑥ 사용 전 20초 이상 흔들어서 사용하는 것이 좋다.

참고

- 색상을 선택할 때 각각의 색의 기본이 되는 색을 확인해야 변색을 피할 수 있다.
- 흡착제 다량 함유 제품 사용: 육아종, 알레르기, 암 유발의 위험이 있다.

6. 반영구화장 색소 안전검사

반영구화장에 사용되는 색소는 국가별로 검증 기준은 다르나 인체의 무해한 성분들로 만들어져야 하며 유해를 가할 수 있는 성분과 함유량 등의 기준들이 정해져 있다.

Inspection Report(Registered Copy)

Inspection no. : F-A12B-M003006-A170 1/4

1. Client

Receipt no. GGK-000331	Received date 27 Mar. 2017	Use Imitation
Company name J2 Co.,Ltd	Business registration no. 740-86-00572	Name (Representative) -
Tel -	Fax	Email j2-company@naver.com
Address		

2. Inspection item

Item name Tattoo inks	Item classification no. (HS) -	Model name ADORA(Black)
Maker name J2 Co.,Ltd	Produced country Republic of Korea	Importer name (only for imported items) -
Weight / volume / sheets 15 g	Model category under safety and marking standards For eyebrows and eyelines, Emulsion type(Lotion type), Black	

3. Inspected date : 27 Mar. 2017 ~ 08 May. 2017

4. Inspection method : Ministry of environment notice No. 2016-254 'Designation of Products of Risk Concern & Safety and Labelling standards'.

5. Environmental condition : Temperature: (22 ± 3) ℃, humidity: (40 ± 15) % R.H.

6. Inspection result : Pass (vessel strength test : Not applicable)

7. Expiration date : 07 May. 2020

8. Photo of sample : See attachments.

Confirmed by	Prepared by Name: Kim Mooryong	Responsible engineer Name: Chi Yoonkyu

Note 1. This report represents the test reports according to the requested testing method only for the samples and sample names as suggested by the client.
2. This report is not intended to guarantee quality and/or performance for the entire products.
3. This report cannot be used for any public relations and/or lawsuit including advertising and/or propagation, and any use other than the specified use is prohibited.

This Inspection report is hereby issued as above in accordance with Article 6 and 7 of the "The Safety and Labeling Standards for Product of Concern over Risk".

Registered Copy date : 19 Sep. 2017

08 May. 2017

Korea Testing & Research Institute
President Byun. Jong-Rip

한국

MATERIAL SAFETY DATA SHEET

SECTION I

PRODUCT NAME: CAMEL W-1008
COMPONENTS: Isopropyl Alcohol
Deionized Water
Glycerine
Titanium Dioxide
Yellow Iron Oxide
Red Iron Oxide
Black Iron Oxide

SECTION II: HARZARDOUS INGREDIENTS:

SECTION III: PHYSICAL DATA

SECTION IV: FIRE AND EXPLOSION HAZARD DATA

SECTION V: HEALTH HAZARD DATA

미국

[그림 8-3] 색소 성분 안전검사증

Chapter 09

반영구화장과 위생

1. 감염(Infection)

병원성 미생물이 사람이나 동물, 식물의 조직, 체액이 표면에 정착하여 증식하는 것으로 감염 경로, 전염성 여부에 따라 여러 가지로 분류된다.

감염의 근원이 되는 환자·보균자·감염 동물·매개 동물·병원체를 포함한 배설물 등으로 인해 감염된 것들을 감염원이라 하고, 이러한 감염원에서 직접 또는 간접으로 생체에 병원체가 침입하는 경로를 감염 경로(感染經路)라고 한다. 감염 경로에는 공기감염(空氣感染), 경구감염(經口感染), 경피감염(經皮感染) 등이 있다.

1) 전염병 발생의 3대 요인

(1) 전염원(Source of Infection)

병원체를 가지고 있어 감수성 숙주에게 병원체를 전파시킬 수 있는 모든 것을 의미한다.

(2) 전염 경로(Route of Transmission)

전염원으로부터 감수성 숙주에게 병원체가 운반되는 과정이다.

(3) 감수성 숙주(Susceptible Host)

감수성이란 침입한 병원체에 대항하여 감염이나 발병을 저지할 수 없는 상태, 감수성이 높은 집단에서는 전염병의 유행이 쉽게 발생한다.

2) 전염병의 생성 과정

병원체 → 병원소 → 병원소로부터 병원체의 탈출 → 병원체의 전파 → 병원체의 침입 → 숙주의 감염(감수성, 면역)으로 진행된다.

(1) 병원체(Infectious Agent)

① 세균(Bacteria)

육안으로는 볼 수 없고 현미경으로 관찰되며 콜레라, 이질, 장티푸스, 디프테리아, 임질, 매독, 결핵, 페스트, 파상풍 등이 있다.

② 바이러스(Virus)

전자현미경으로만 볼 수 있으며 에이즈, 일본뇌염, 간염, 홍역, 폴리오, 인플루엔자, 유행성이하선염, 광견병 등이 이 병원체에 속한다.

③ 리케차(Rickettsia)

세균과 바이러스의 중간 크기로 세포 안에서만 기생하는 특징이 있고 발진티푸스(Typhus Fever), 발진열(Murine Typhus) 등이 이 병원체에 속한다.

④ 진균 또는 사상균(Fungus)

단세포 진균인 효모에서부터 곰팡이(사상균) 버섯에 이르기까지 종류가 매우 다양하며 무좀 등 각종 피부병 유발한다.

⑤ 기생충(Parasite)

동물성 기생체로서 육안으로 식별이 가능하며 말라리아, 아메바성이질, 사상충, 유·무구조충, 간·폐디스토마 등이 있다.

(2) 병원소(Reservoir of Infection)

가. 인간 병원소

① **환자(Patient): 병원체에 감염되어 타각적·자각적으로 임상 증상이 있는 모든 사람을 말한다.**

ⓐ 현성 감염자(Apparent Infection): 유증상자(Frank Case), 본인 및 타인이 질병이 있음을 인지할 수 있는 자로 관리가 수월하다.

ⓑ 불현성 감염자(Inapparent Infection): 무증상자(Subclinical Infection), 병원체에 감염되어 있지만 발병이 없거나 임상 증상이 아주 미약하여 본인 및 타인이 환자임을 알 수 없는 환자이다.

ⓒ 자가 감염자: 자기 자신이 가지고 있는 병원체에 의해 자신이 다시 감염되는 것, 손에 묻는 병원균이 입으로 들어가서 병이 나는 것 등을 말한다.

② 보균자(Carrier)

ⓐ 건강 보균자(Healthy Carrier): 병원체를 몸에 지니고 있으나, 불현성 감염으로 아무런 증상을 보이지 않고 병원균만 배출하는 보균자이다.

- 디프테리아(Diphtheria), 폴리오(Polio), 일본뇌염 등이 있다.

ⓑ 잠복기 보균자(Incubatory Carrier): 병원체가 몸에 침입하여 임상 증상이 나타나기 이전인 잠복 기간 중에 병원균을 배출하는 사람이다.

- 유행성이하선염, 디프테리아, 홍역, 백일해 등이 있다.

ⓒ 회복기 보균자(Convalescent Carrier): 질병의 임상 증상이 없어져 회복되는 시기에도 병원체가 체내에 일부 남아 병원균을 계속 배출하는 사람을 말하며, 병후 보균자라고도 한다.

- 장티푸스, 파라티푸스(Paratyphus), 디프테리아, 이질 등이 있다.

ⓓ 만성보균자(Chronic Carrier): 몸에 병원체를 오랫동안 보유하고 있으면서 자신은 병의 증상이 나타나지 않고 다른 사람에게 옮기는 사람을 말한다.

- 장티푸스, 만성 B형 간염 등이 있다.

2. 반영구화장 작업장의 위생

1) 반영구화장 작업실에서 발생할 수 있는 감염

① 상담자나 반영구화장사와 고객과 상담 중 비말로 인한 경우

② 환기가 잘 안 되거나 실내 환경이 비위생적인 경우

③ 바늘, 색소 컵 등을 일회용으로 사용하지 않았을 경우

④ 작업 중 사용한 눈썹 수정 칼을 재사용한 경우

⑤ 소독된 기구와 소독 안 한 기구가 맞닿았을 경우

⑥ 작업자가 여러 기구들을 만지고 소독하지 않았을 경우

⑦ 사용한 용품들을 분리해서 밀봉해서 버리지 않았을 경우

⑧ 소독된 용품과 미소독 용품과 분리 보관하지 않았을 경우

⑨ 작업 중 색소를 추가로 만들 때 용기가 손에 닿았을 경우

⑩ 작업 중 전화나 식사, 음료 등을 섭취할 경우

⑪ 작업 중 작업실에 외부인이 들어올 경우

2) 반영구화장 작업실에서 발생할 수 있는 감염과 증상

[표 9-1] 감염과 증상

감염	감염원	증상
B, C형 감염	비위생적인 환경 (교차감염, 바늘 재사용 등)	피로감, 구토, 미열, 근육통 등
바이러스		
HIV		
알레르기	색소	빨간색으로 변화, 발진이나 피부 각질화
육아종		작은 결절 형성
비후성 흉터	과도한 피부 터치 (진피층의 망상층 자극)	상처의 경계를 벗어나지 않은 흉터
켈로이드		유전적 요인도 있음 상처의 경계를 많이 벗어난 흉터

3. 반영구화장 작업장의 위생적인 시설 기준

1) 반영구화장 작업실의 시설

① 공간

상담실 및 대기실, 작업실이 따로 구분되어야 한다.

② 바닥

청소가 용이하며 먼지가 스며들지 않는 타일이어야 한다.

③ 문

작업실 문은 여닫이로 하되 문 한 개에 두 공간을 이용하지 않아야 한다.

④ 환기

환기가 잘 이루어지도록 환풍기와 공기 정화기가 비치되어야 한다.

⑤ 전등의 밝기

전체 밝기는 보통 75Lux로 하되 집중 조명을 구비한다.

⑥ 수도

자동 센서가 장착되어 수도꼭지에 작업자의 손이 닿지 않도록 한다.

⑦ 쓰레기통

자동 페달이 장착되어 작업자의 손이 닿지 않아야 한다.

⑧ 침대 시트

위생적이고 관리가 편리한 시트를 선택하여 작업 후 바로 바꾸는 것이 용이하여야 한다.

⑨ 작업자 의자 커버

위생적이고 관리가 편리한 시트를 선택하여 작업 후 바로 바꾸거나 소독이 용이하여야 한다.

⑩ 멸균기

모든 기구와 용품등은 멸균 처리 후에 사용하여야 한다.

2) 반영구화장 작업장의 위생 관리기준

(1) 입구 및 카운터

① 신발로 인한 외부 오염물질이 전파되지 않도록 대기실 입구에서 실내화로 갈아 신도록 한다.

② 안내자는 비말 감염이 없도록 마스크를 착용한다.

③ 입구와 카운터는 많은 사람이 접하는 곳으로 수시로 소독을 한다.

④ 적절한 조명과 환기를 하여야 하며, 정기적인 필터 교환과 소독을 한다.

⑤ 소독제를 비치하여 고객이 스스로 손 소독 등을 하도록 한다.

(2) 탈의실

① 탈의실 옷장은 고객의 옷을 청결하게 보관되도록 고객이 바뀔 때마다 소독 및 청결을 유지한다.

② 한 번 사용한 헤어 캡, 가운 등은 별도의 뚜껑 있는 보관함에 넣도록 한다.

(3) 화장실

① 화장실은 정기적으로 소독과 살충제를 살포하고 세면대에는 이물질과 표면에 얼룩이 생기지 않도록 청결히 한다.

② 세면대에는 손 세정제, 종이 타올, 자동 건조 장치 등을 구비한다.

(4) 작업실 공간

① 자연 채광이 되고 환기가 잘 되도록 유지한다.

② 반영구화장을 작업할 때 외부인은 출입을 금한다.

③ 반영구화장 작업 시 작업자의 손이 닿는 모든 기구, 트롤리 카트(Trolley Cart), 집중 조명 등 일회용이 아닌 기구 등은 1회용 캡을 씌우거나 고객이 끝날 때마다 소독한다.

④ 여닫이문, 자동 센서 수도꼭지, 페달과 뚜껑이 있는 쓰레기통을 비치한다.

(5) 반영구화장 작업 도구의 위생

사용되는 모든 기구 및 제품들은 일회용 사용을 기본으로 하나 일회용 사용이 불가능한 기구들은 철저한 소독이 필요하다.

① 바늘

멸균되어 있는 바늘을 반드시 사용 전 꺼내야 한다.

② 색소 컵

멸균되어 있는 1회용을 사용한다.

③ 색소 컵 홀더

랩핑(Wrapping) 또는 소독제를 이용하여 닦아준 후 사용한다.

④ 기계 본체

랩핑 또는 소독제를 이용하여 닦은 후 사용한다.

⑤ 핸드 피스

베리어 필름(Barrier Film)을 매회 이용하거나 소독 후 사용한다.

⑥ 기기 연결선

베리어 필름을 씌워서 매회 바꾸어 사용한다.

⑦ 트롤리 카트

바닥은 일회용 키친타월 하여 매회 바꾸어 준다. 손잡이 부분은 랩핑을 해서 사용한다.

⑧ 집중 조명기구

일회용 커버를 씌운다.

⑨ 침구류

자비 소독한다.

참고

- 반영구화장 작업 시 고객과 반영구화장사의 안전을 위해 1회용 멸균 제품 사용이 필수이나 그 외의 기구 등의 소독은 철저히 해야 한다.
- 소독한 용품과 소독이 안 된 용품은 반드시 분리하여 보관한다.
- 공동으로 사용되는 공간은 수시로 소독 및 환기가 잘되도록 한다.

4. 반영구화장사와 고객의 위생

1) 반영구화장사

특수성을 가지고 있는 반영구화장은 먼저 반영구화장사의 철저한 위생관리가 필수적으로 갖추어 있어야 한다.

① 금치산자는 작업자로 적합하지 않다.

② 전염성 질환이 없어야 한다.

③ 반드시 1년 1회 전염성 질환 등 건강검진을 받고 그 증명서를 작업 장소에 비치하여야 한다.

④ 위생복 착용은 고객에게 안정감을 줄 수 있으며 세균 이동 가능성을 감소시켜 준다.

⑤ 일회용 마스크 착용으로 고객과의 비말 접촉을 피하여야 한다.

⑥ 일회용 장갑 착용으로 고객과 작업자의 안전을 지켜야 한다.

⑦ 작업 후 손은 반드시 흐르는 물에 30초 정도 씻는다.

2) 고객

① 콘택트렌즈나 안경 등 과한 액세서리의 미착용을 권장한다.

② 고객 전용 실내화, 위생 가운, 헤어 캡 착용을 권장한다,

③ 작업 후 작업 부위를 손대지 않도록 한다.

5. 반영구화장 작업 전, 후의 위생

1) 반영구화장 작업 전

모든 장비는 작업 장소에 준비되어 있어야 하며 작업에 필요한 도구를 찾으러 손님을 혼자 두고 자리를 비우는 일이 없어야 한다.

자리를 비우거나 돌아다니는 행동은 교차 오염(Cross-Contamination)을 유발하기 쉽다.

① 충분한 상담 후 고객이 신체적, 정서적으로 안정적일 때 작업하여야 한다.

② 작업 부위에 피부질환이나 상처 등의 이상 증세가 있을 때에는 증세가 완화된 후 작업하여야 한다.

③ 작업 중 작업자 외에 출입을 금한다.

④ 주변 환경 및 도구 소독을 철저히 하여야 한다.

⑤ 바늘은 반드시 멸균된 일회용 제품을 사용하여야 한다.

⑥ 색소는 작업 직전에 배합한다.

⑦ 작업 부위 및 작업 부위 주변을 반드시 소독하여야 한다.

⑧ 작업 시간은 짧을수록 통증이 적고 작업 부위가 붓지 않으며 피부 재생도 빠르다.

⑨ 작업 시 사용되는 모든 도구들은 반드시 살균하여야 한다.

⑩ 바늘이나 장갑 등은 일회용으로 멸균되어 밀봉된 상태에서 작업 직전에 고객에게 확인시킨 후 개봉해서 사용하여야 한다.

⑪ 작업 직전에 장갑을 착용 후 소독한다.

⑫ 작업중 장갑을 착용한 상태로 핸드폰이나 물품 등을 만지지 않아야 한다.

⑬ 고객의 피부 유형, 작업 부위, 작업자의 작업 기법에 따라 깊이가 달라지지만 보통 0.5~1mm의 깊이를 넘지 않아야 한다.

⑭ 작업 중이나 작업 실내에서는 핸드폰 사용을 금한다.

2) 반영구화장 작업 후

① 고객에게 주의사항과 관리 방법에 따라 작업 부위의 재생 과정 기간이 달라질 수 있음을 공지한다.

② 주변 정리 및 기기 등을 소독한다.

③ 사용된 바늘이나 유해물품은 안전하게 종류대로 분리하여 전용 폐기물 함에 폐기한다.

④ 기계나 사용되는 기구 등 일회용이 아닌 제품의 커버를 교체한다.

⑤ 작업이 끝난 후 실내 환기와 기구 소독 및 주변을 정리 정돈, 실내를 소독하고 15분 후에 고객이 입실하도록 한다.

Chapter 10

반영구화장 기법과 종류

반영구화장 작업에 사용하는 기기에 따라 펜 기법(Pen Technique)과 머신 기법(Machine Technique)으로 크게 구분할 수 있다. 바늘은 1~10핀의 라운드형(Round Type) 또는 플랫형(Flat Type)을 이용하는 머신 기법과 3~24핀의 플랫형 바늘을 이용하여 선을 표현하는데 1회에 바늘 개수만큼의 횟수 효과를 나타내는 마이크로블레이딩 기법(Microblading Technique)과 포인트 기법(Point Technique)인 펜 기법이 있다.

1. 반영구화장 기법과 적용

작업자에 따라 독창성을 강조하기 위해서 동일 기법을 3D기법, 4D기법, 5D기법, 자연 눈썹, 연예인 눈썹 등이라고 불리기도 하고, 기법의 명칭은 같으나 전혀 다른 기법을 하는 경우도 있다. 일반적으로 통용되는 기법의 명칭은 아래와 같다.

명 칭	그 림	기법 과 적용
Point Technique (포인트 기법, 점묘 기법) (점을 찍듯이 가볍게)		점을 찍듯이 가볍게 골고루 터치한다. * 바늘: 1핀 * 적용: 눈썹(일명: 안개 눈썹), 유두, 유륜, 흉터, 빈모
Tapping Technique (태핑 기법) (가볍게 스치듯이 그리기)		바늘이 피부 표면에 스치듯 짧게 터치한다. 바늘의 각도- 플랫형 바늘 -45°. 라운드형 바늘 -90° * 바늘: 플렛형. 라운드형 3~5핀 * 적용: 눈썹, 입술, 블러셔, 아이섀도, 특수 화장
Stroke Technique (스트로키 기법) (붓으로 털을 그리듯 부드럽게 그리기)		바늘이 피부 표면에 스치듯이 가볍고 길게 터치한다. 바늘의 각도- 플랫형 바늘 -45°, 라운드형 바늘 -90° * 바늘: 플렛형, 라운드형 3~5핀 * 적용: 눈썹, 입술, 블러셔, 아이섀도, 특수 화장
Rolling Technique (롤링 기법) (원 그리기)		바늘이 피부 표면과 90°를 유지하며 동그란 원을 그리듯 가볍게 터치하나 한 곳에 집중적으로 하게 되면 얼룩이 남을 수 있다. * 바늘: 라운드형 3~5핀 * 적용: 눈썹, 입술, 유륜 등
Scratch Technique (스크래치 기법) (Z 그리기)		지그재그 기법으로 바늘이 피부 표면과 90°를 유지하며 천천히 하여야 색소 착색이 잘된다. * 바늘: 라운드형 3~5핀 * 적용: 입술, 눈썹

Line Technique (라인 기법) Hair by hair (헤어 바이 헤어)		일직선으로 면을 메꿀 때 주로 사용한다. * 바늘: 플렛, 라운드형 1~3핀 * 적용: 아이라인, 입술 라인, 헤어라인
페더링 기법 (Feathering Technique) (깃털 기법) (곡선형 선으로 그리기)		바늘이 피부 표면과 90°를 유지하며, 부드러운 곡선형으로 자연스럽게 선을 표현한다. * 바늘: 1핀 * 적용: 눈썹, 헤어 라인, 특수화장
Cross Stripes Technique (크로스 스트라이프스 기법) (격자형으로 그리기)		바늘을 피부 표면과 90°를 유지하여 면을 채울 때 주로 사용하는 기법이다. * 바늘: 플렛. 라운드형 1~3핀 * 적용: 입술, 특수화장

[그림 10-1] 반영구화장 기법과 적용

참고

동일 기법이나 반영구화장사에 따라 기법의 명칭들이 다양하게 불리고 있다.

2. 전동 기계를 이용한 기법

기계를 이용한 기법은 피부 손상을 줄이기 위해 1핀의 바늘을 이용하여 자연스럽게 눈썹 결의 형태에 따라 눈썹의 본연의 모습을 살리면서 한 올 한 올 그리는 페더링 기법(깃털 기법, Feathering Technique)과 라운드형 3~5핀이나 플랫형 바늘을 이용하여 표피층을 긁는 형식으로 색소를 미세하게 펼쳐 색채의 농담 효과를 내며 착색시키는 그러데이션 기법(Gradation Technique), 라운드형 또는 사선형 바늘을 이용하여 점을 찍은 방식의 포인트 기법(점묘 기법, Point Technique), 두 가지 이상의 기법을 이용하는 콤보 기법(Combo Technique) 등이 있다.

1) 그러데이션 기법

① 바늘

보통 1~5핀의 라운드형 또는 플랫형 바늘을 이용하여 작업한다.

② 작업

바늘은 90°를 유지하여 표피층을 긁어서 색소를 착색시키는 기법이다.

③ 작업 후

작업 시 피부 깊이나 관리 방법에 따라 약 5일 후 탈각되는 각질의 두께가 다르며 피부에 착색되는 색의 양도 다르다.

④ 특징

각질 탈각 전에 약 3~5일까지 진한 색상을 유지해야 하는 불편함이 있으나 각질 탈락 후 섀도우(Shadow) 효과가 있어 자연스럽다.

참고

- 작업 시 부위별 터치의 횟수와 힘의 균형이 균일하여야 각질 탈각 후 얼룩이 남지 않는다.
- 바늘의 각도를 45°를 하는 경우도 있으나 90°이었을 때 바늘 전체가 피부면에 닿아 피부 자극도 적고 색소가 고르게 착색되며 유지 기간도 길다.
- 표피층이 과다하게 손상되어 각질 탈각 후 작업 부위가 얇아지고 번들거릴 수 있으며 작업자의 기법이나 색소에 따라 각질 탈각 후 얼룩이 남을 수 있다.

* 눈썹 거상 수술 3회

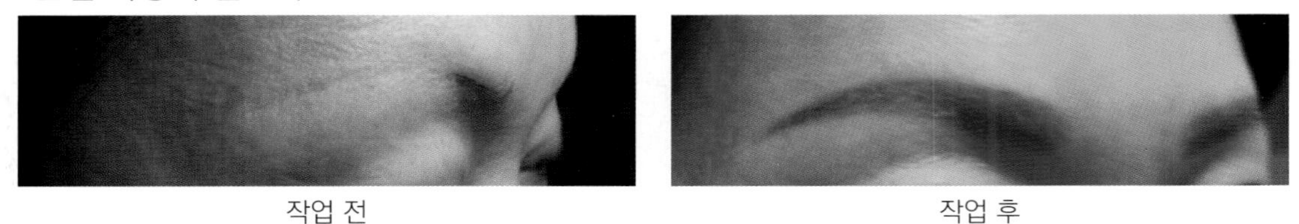

작업 전 작업 후

[그림 10-2] 그러데이션 기법

2) 페더링 기법

① 바늘

1핀의 바늘을 이용한다.

② 작업

바늘은 반드시 피부 표면과 90°를 유지하여 눈썹 결을 따라 한 선, 한 선 천천히 작업해야 색소 착색이 잘된다.

③ 작업 후

3~4일 후 각질처럼 미세하게 탈각된다.

④ 특징

피부 손상이 적어 재생도 빠르며 작업 직후에도 자연스럽다

참고

- 많은 반복 터치는 피부 손상이 많고 선이 두껍거나 색소를 퍼지게 만들 수 있다.
- 색소를 배합할 때 솔루션 양이 너무 많아 색소가 묽거나 깊은 터치는 각질 탈각 후 선이 퍼질 수 있다.
- 작업 시 천천히 90°를 유지했을 때 착색이 잘되며 각질 탈각 후에도 자연스럽다.

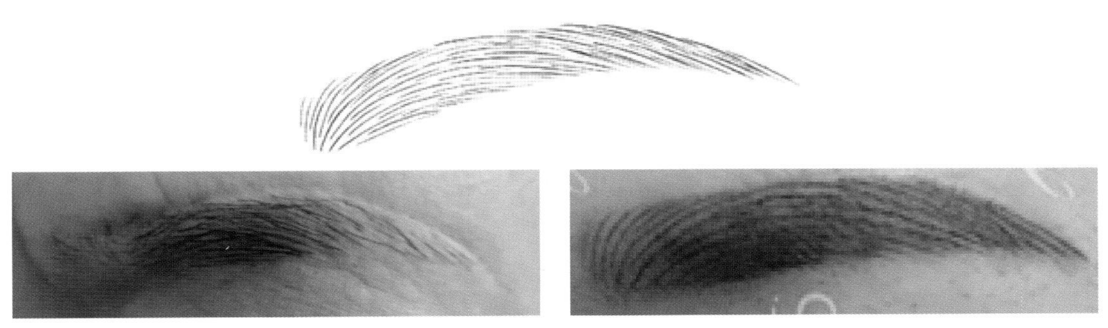

[그림 10-3] 페더링 기법

3) 포인트 기법

바늘은 1~3핀(Round Needle) 바늘을 이용하여 점을 찍듯이 고르게 터치해 준다.

① 바늘

1~3핀의 라운드 또는 플랫 바늘을 이용한다.

② 작업

바늘은 90°를 유지하여 디자인에 맞게 점을 찍어 눈썹 형태를 만든다.

③ 작업 후

작업 시 피부 깊이에 따라 부위별로 각질이 탈각되는 기간이 다르나 보통 약 4일 후 탈각이 된다. 작업 시 힘의 균형이 일정하지 않으면 색소가 퍼지거나 얼룩이 생길 수 있다.

④ 특징

비교적 작업이 용이하며 작업 직후에도 자연스럽다.

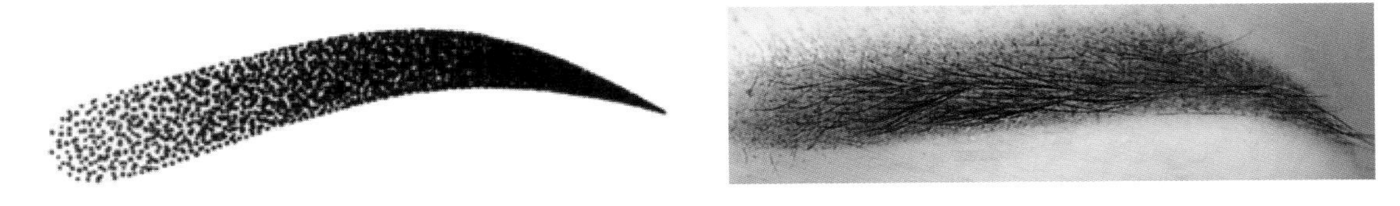

[그림 10-4] 기계를 이용한 포인트 기법

참고

- 강한 압력이나 한 곳에 집중적으로 터치하면 각질 탈각 후 얼룩이 남을 수 있다.
- 색소에 따라 점의 형태가 뚜렷이 남을 수 있다.

4) 페더링 그라데이션 기법

① 바늘

1핀의 바늘을 이용한다.

② 작업

눈썹의 1/3부터 첫 번째 선은 강하게, 두 번째 선은 중, 세 번째 선은 약하게 한 선 한 선 천천히 작업해야 색소 착색이 잘된다.

③ 작업 후

3~4일 후 각질처럼 미세하게 탈각된다.

④ 특징

눈썹 숱이 없는 눈썹에 효과적이며 작업 직후에도 자연스럽다.

참고

- 작업 시 90°를 유지하고 천천히 했을 때 착색이 된다.
- 1선은 강하게(Strong), 2선은 중간(Medium), 3선은 부드럽게(Soft) 사이사이 약하게 선을 넣어 선의 형태를 남지 않게 한다.
- 그러데이션 기법보다 피부 손상이 작고 각질 탈각 후에도 자연스럽다.

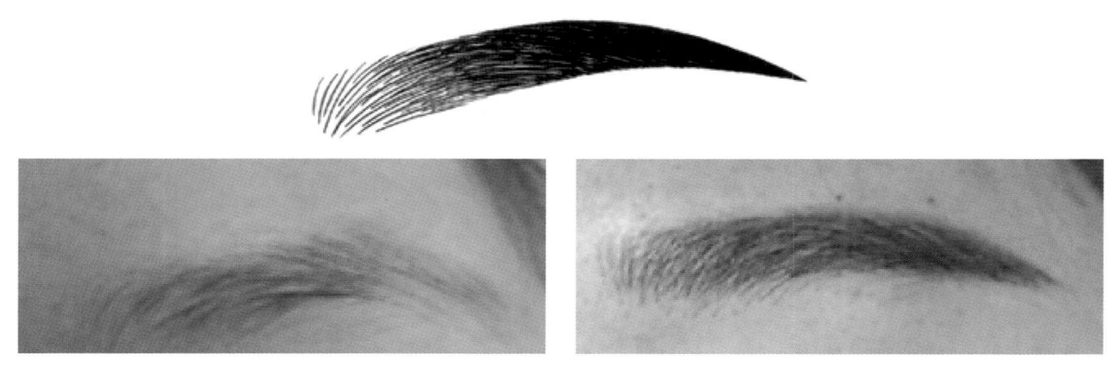

[그림 10-5] 페더링 콤보 기법

3. 펜 기기를 이용한 기법

펜을 이용한 기법에는 크게 포인트 기법(점묘 기법, Point Technique)과 마이크로블레이딩 기법(Microblading Technique)이 있다.

반영구화장 전용 펜에 바늘을 장착하여 색소를 찍어서 점으로 선과 면을 표현하는 것을 포인트 기법이라고 하며, 선으로 면을 채우는 기법을 마이크로블레이딩 기법이라 한다.

1) 포인트 기법

수지침 형태의 바늘은 라운드형 1~3핀, 또는 플랫형 또는 사선형의 바늘을 펜 기기에 장착하여 사용한다.

① 바늘

1~3핀의 라운드 또는 플랫 바늘을 이용하나 주로 1핀을 사용한다.

② 작업

바늘은 90° 를 유지하여 디자인이 되어 있는 눈썹 형태에 따라 눈썹 꼬리 쪽으로 갈수록 진하게 점을 찍어 눈썹 형태를 만든다.

③ 작업 후

작업 시 피부 깊이에 따라 부위별로 각질이 탈각되는 기간이 다르나 보통 약 4일 후 탈각된다.

④ 특징

작업이 비교적 용이하며 작업 직후에도 자연스럽다.

작업 시 힘의 균형이 일정하지 않으면 색소가 퍼지거나 얼룩이 남을 수 있다.

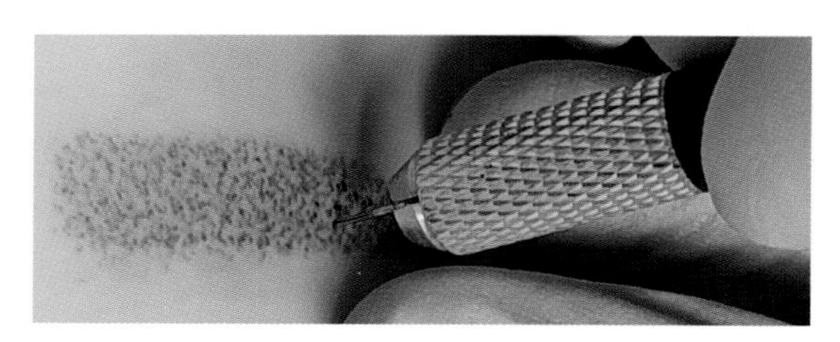
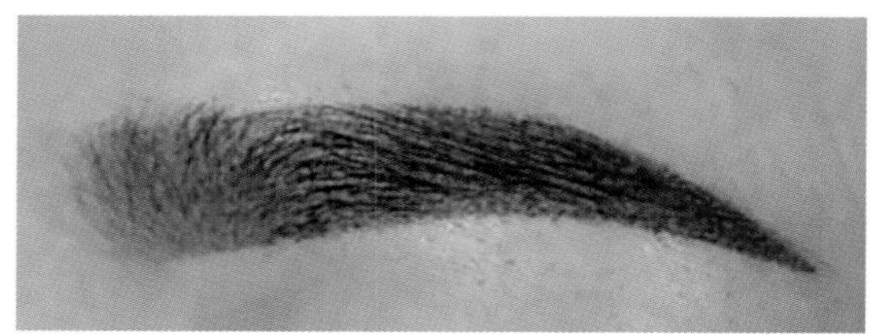

[그림 10-6] 펜 기기를 이용한 포인트 기법

참고

- 강한 압력이나 한 곳을 집중적으로 터치하면 얼룩이 질 수 있다.
- 각질 탈각 후 얼룩이 남기 쉬우며 색소에 따라 점의 형태로 남을 수 있다.

2) 마이크로블레이딩 기법

사선형의 각진 바늘로 뜨는 듯한 느낌의 닷(Dot) 기법과 라운드형, 사선형의 바늘을 이용하여 긋는 듯한 느낌의 드로우(Draw) 기법이라 표현하는 두 기법이 있다. 작업 직후에도 자연스러운 장점이 있고 3~4일 후 각질처럼 약하게 떨어진다.

(1) 닷 기법

① 바늘

7~24핀의 각진 사선형 바늘을 이용한다.

② 작업

바늘의 뒤 2/3 부분 → 전체면 → 뒤 1/3 부분 순으로 뒤쪽으로 가면서 앞 부분이 뜨는 방법으로 연결하여 선을 만든다.

피부 표면에 전체 또는 부위에 따라 일부분만 닿을 수 있다.

③ 특징

작업 중 피부가 뜯기는 듯한 소리가 난다.

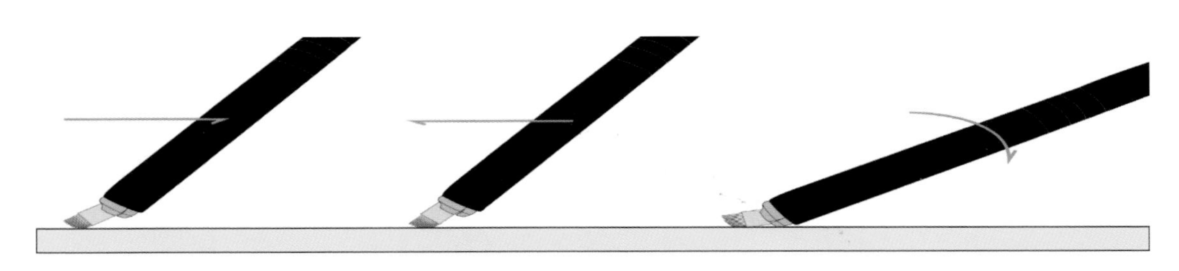

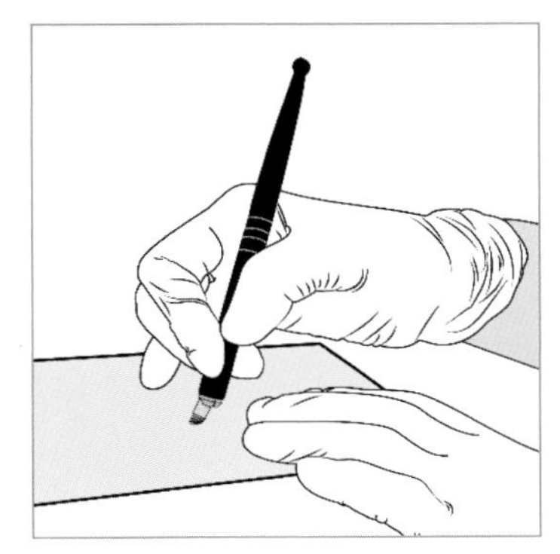
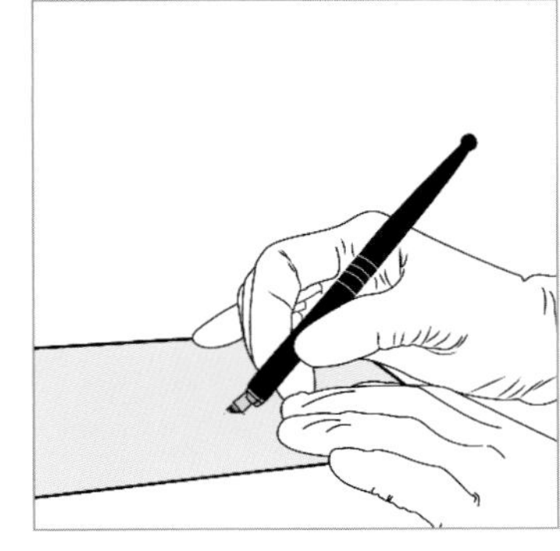

[그림 10-7] 닷(Dot) 기법

(2) 드로우(Draw) 기법

① 바늘

7~24핀의 곡선 사선형 바늘을 이용한다.

② 작업

바늘 뒤쪽, 전체면, 앞쪽 끝이 닿는 순으로 긋듯이 선을 만든다.

피부 표면에 전체 또는 부위에 따라 일부분만 닿을 수 있다.

③ 특징

작업 중 종이 베이는 소리가 난다.

한 곳에 반복적인 작업은 깊은 상처와 색이 퍼지거나 둔탁한 선을 만들 수 있다.

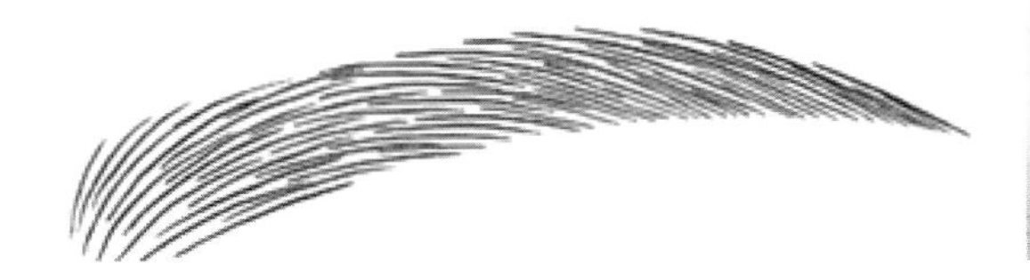
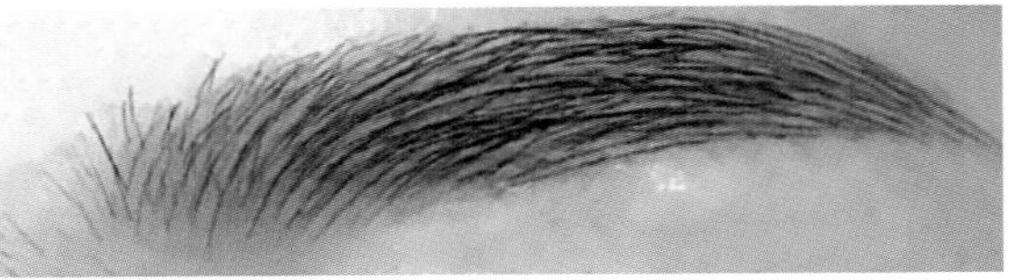

[그림 10-8] 드로우(Draw) 기법

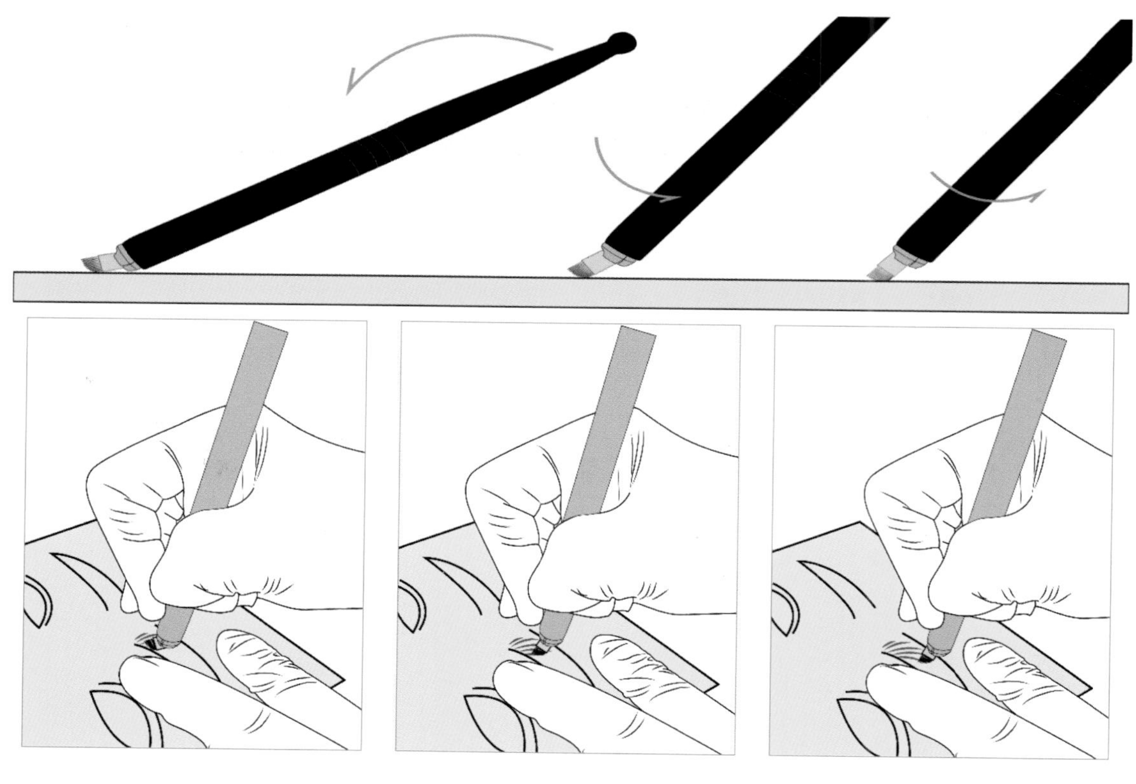

[그림 10-9] 드로우 콤보 기법

참고

- 피부에 닿는 압력을 균일하게 하여야 각질 탈각 후 일정한 선이 남는다.
- 피부에 닿는 압력이 균일하지 않으면 탈각 후 중간중간 선이 끊어져서 점처럼 남을 수 있다.
- 작업자나 숙련도에 따라 바늘 핀의 개수를 선택한다.

Chapter 11

반영구화장에 사용되는 통증 완화제

반영구화장에 사용되는 통증 완화제는 국소에 발라 말초신경을 둔화시켜 통증을 차단하는 목적으로 반영구화장 작업 중에 고객의 통증을 완화시켜 긴장감을 풀어주어 작업을 용이하도록 하기 위해 사용한다.

1. 통증 완화제의 종류

반영구화장에 사용하는 통증 완화제는 작업 전에 바르는 크림형, 아이라인에 사용하는 로션형과 작업 중에 바르는 젤 형태가 있다.

1) 눈썹, 입술 통증 완화제

① 성상

크림 형태

② 주성분(Active Ingredients)

제품에 따라 차이가 있으나 주로 리도카인(Lidocaine), 테트라카인(Tetracaine), 벤조카인(Benzocaine), 프로카인(Procaine) 등이 있다.

리도카인 함량이 9.6%는 도포 후 약 20분, 5%는 도포 후 약 30분 정도 시간이 되면 통증 완화 효능을 발휘한다.

[그림 11-1] 눈썹, 입술 통증 완화제

2) 아이라인 통증 완화제

(1) 성상

로션, 크림 형태

(2) 주성분

① **넘퀵 핑크**(NUMQUICK PINK)

- Tetracaine 20mg-Local Anesthetic
- Anesthetic Lidocaine 30mg-Local Anesthetic

② **인스턴트 넘**(Instant Numb)

- Tetracaine 2%. Local Anesthetic
- Lidocaine 4%. Local Anesthetic
- Epinephrine HCI. 0 15% Vasoconstrictor

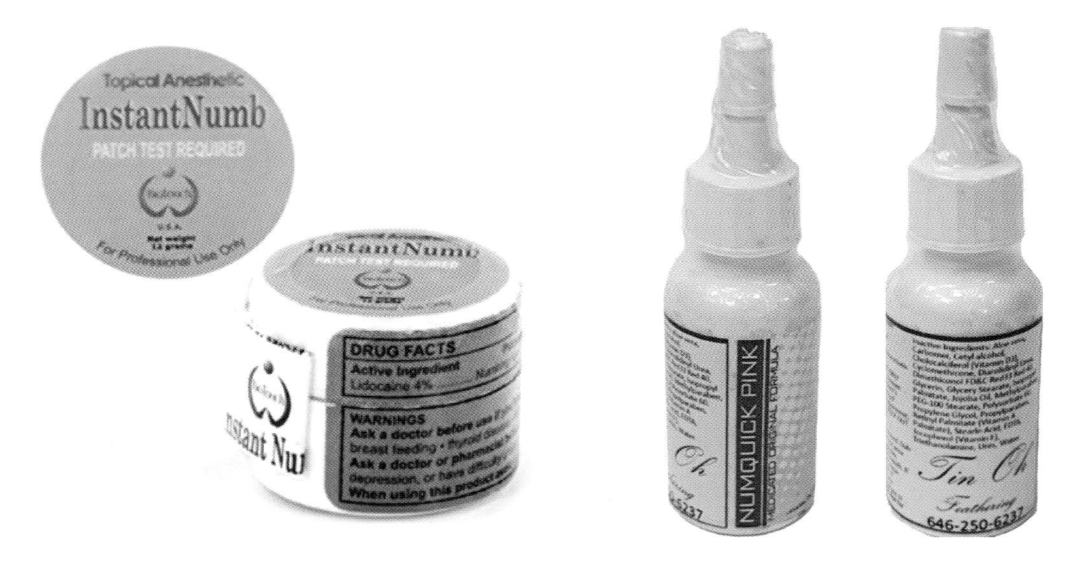

[그림 11-2 아이라인 통증 완화제

3) 2차 전용

(1) 성상

젤 형태

(2) 주성분

- 5.00% Lidocaine Hydrochloride
- 2.00% Tetracaine Hydrochloride
- 0.02% Epinephrine

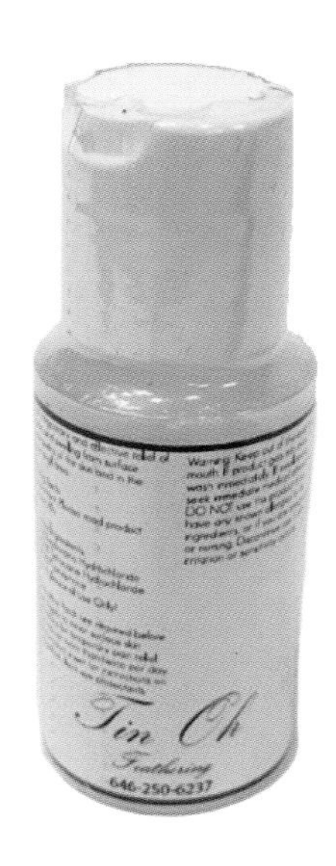

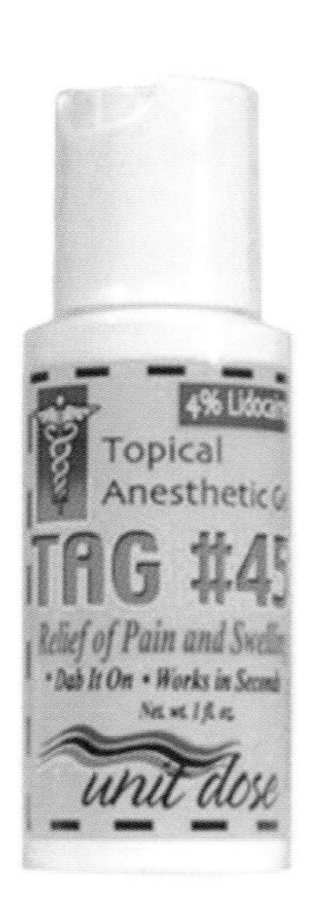

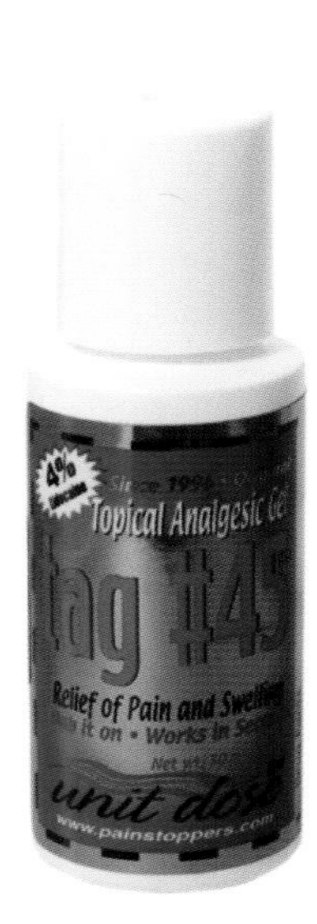

[그림 11-3] 2차 통증 완화제

2. 통증 완화제 알러지

1) 증상

① 붉은색을 띠고 심하게 부을 수 있다.

② 안면이 창백해질 수 있다.

③ 부종, 두드러기 등의 피부 증상이 나타날 수 있다

④ 불규칙한 심장박동으로 호흡이 거칠어지거나 어지러울 수 있다.

⑤ 경련, 호흡장애, 혼수 등의 중증 부작용과 심할 경우 생명의 지장을 초래하기도 한다.

2) 관리

통증 완화제를 닦아 낼 때 약간 차가운 솜을 이용하는 것이 좋다.

발진이 심할 경우 냉찜질로 피부를 진정시키면 호전되지만 증상이 지속되면 전문의와 상담 후 알러지 치료를 해야 한다.

주의

통증 완화제를 남용하거나 검증되지 않은 성분의 제품을 사용하는 경우 그 성분이 혈관으로 스며들어 불규칙한 심장 박동, 발작, 호흡곤란, 혼수상태 등의 생명을 위협하는 심각한 부작용을 유발시킬 수 있음을 알아야 한다.

3. 통증 완화제 취급 및 사용 시 유의사항

1) 통증 완화 효과가 느린 경우

① 작업 전 과다한 커피 또는 술을 마셨을 경우

② 연령이 많은 경우

③ 생리 중인 경우

④ 피부에 각질이 많은 경우

⑤ 고혈압이거나 신경이 민감한 경우

⑥ 각질이 두껍거나 과다한 피지 분비와 땀이 많이 나는 경우

2) 통증 완화제 취급 시 유의사항

① 유통 기간이 길수록 효과가 좋다.

② 효과를 유지시키기 위해 사용 후 밀폐해서 서늘한 곳에 보관한다.

③ 용량이 크면 소분하여 사용하되 1회 사용할 양을 용기에 덜어서 사용한다.

④ 과각질 제거 후 바르면 통증 완화 효과가 증대된다.

⑤ 작업자의 손에 직접 닿지 않도록 반드시 면봉 등 도구를 이용한다.

⑥ 통증 완화제는 효과를 증대하기 위해 작업 부위에 두껍게 도포 후 랩으로 덮어 준다.

⑦ 제품에 따라 차이가 있으나 보통 20~30분 이후 효과가 발휘된다.

⑧ 술이나 찜질방, 사우나 등의 열 발생 장소에서나 상처 부위는 피한다.

⑨ 성분과 제조원 판매처가 기록된 안전한 제품을 선택한다.

Chapter 12

반영구화장 준비물과 작업 과정

효과적인 반영구화장을 위해서는 준비물을 빠짐없이 준비하고 철저하게 위생적으로 관리하도록 한다.

1. 준비물

① 고객카드: 고객이 가지고 있는 질환이나 디자인 등의 성향을 파악하는 데 필요

② 헤어캡: 고객 및 작업자의 위생을 위하여 1회용 헤어캡

③ 위생 장갑: 작업자의 손에 맞는 소독된 1회용 라텍스 장갑

④ 마스크: 작업자가 착용하는 일회용 마스크

⑤ 지퍼백(케이스): 고객용 소지품 보관용

⑥ 화장 솜: 자비 소독으로 멸균되어 있는 젖은 솜

⑦ 위생지: 1회 사용할 소독 솜, 색소 홀더 등을 올려놓은 용기로 반드시 랩핑하여 사용

⑧ 스폰지 캔: 소독된 솜을 위생적으로 보관할 수 있는 뚜껑이 있는 용기

⑨ 사각 밧트: 소독된 수정 눈썹 수정 칼 등을 보관하는 뚜껑이 있는 용기

⑩ 마킹펜: 작업 부위 표기용으로 쉽게 지워지지 않아 초보자에게 효과적

⑪ 미스트 기기: 소독 및 수렴 효과가 있는 진정수를 넣어 작업 전후 사용

⑫ 아이브로우 펜슬: 눈썹 디자인할 때 사용

⑬ 립 펜슬: 입술 디자인할 때 사용

⑭ 식염수: 아이라인 작업 후 눈 세정 목적으로 사용

⑮ 눈썹 수정칼: 작업 전, 작업 중 사용할 1회용 준비

⑯ 커버랩: 통증 완화제의 효과를 높이기 위해 사용

⑰ 면봉: 통증 완화제 도포, 재생크림 도포 시에 사용

⑱ 마이크로 면봉: 색소 및 2차 통증 완화 젤 도포 시 사용

⑲ 색소 컵: 색소를 담아 쓰는 용기

⑳ 색소 컵 홀더: 색소 컵을 고정시켜 주는 홀더

㉑ 눈썹 평형자: 양쪽 눈썹의 균형을 확인할 수 있는 자

㉒ 기계: 반영구화장 작업용 기기

㉓ 바늘: 반영구화장 전용 바늘

㉔ 색소: 작업 시 사용되는 색소

㉕ 핸드 피스 거치대: 기기의 핸드 피스를 안전하게 고정시켜 주는 거치대

㉖ 진정수: 상처에 자극이 없는 진정수로 작업 중 색소를 닦아 낼 때 사용

㉗ 진정젤: 작업 후 작업 부위의 진정과 보호막 형성과 소염 목적으로 사용

㉘ 조명 확대경: 작업 부위를 밝게 비추고 색소 착색 확인용으로 사용

㉙ 폐기물 통: 사용한 바늘 등 폐기물을 분리해서 보관하는 뚜껑이 있는 용기

㉚ 쓰레기통: 일반 쓰레기를 담는 뚜껑이 있는 쓰레기통

㉛ 통증 완화 크림: 눈썹과 입술 통증을 완화 목적으로 1차 작업 전에 사용

㉜ 통증 완화 젤: 작업 도중에 바르는 2차 겔이나 젤 형태

㉝ 아이라인 통증 완화 크림: 눈에 안전한 아이라인 전용으로 작업 전에 사용

㉞ 바늘(카트리지): 바늘과 캡이 일체형의 멸균된 낱개 포장으로 일회용 바늘

㉟ 메이크업 침대: 고객과 작업자의 편리함을 위해 높낮이가 가능한 침대

㊱ 작업 의자: 작업의 효율성을 높이기 위해 높낮이 조절과 이동이 가능한 바퀴형 의자

㊲ 트롤리 카트: 작업 시 필요한 도구들을 올려놓은 이동이 편리한 바퀴형 선반

㊳ 초시계: 통증 완화제를 바르고 적당한 시간을 맞추어 놓을 때 사용

㊴ 손거울: 디자인이나 작업 중간 점검으로 사용하는 고객용 거울

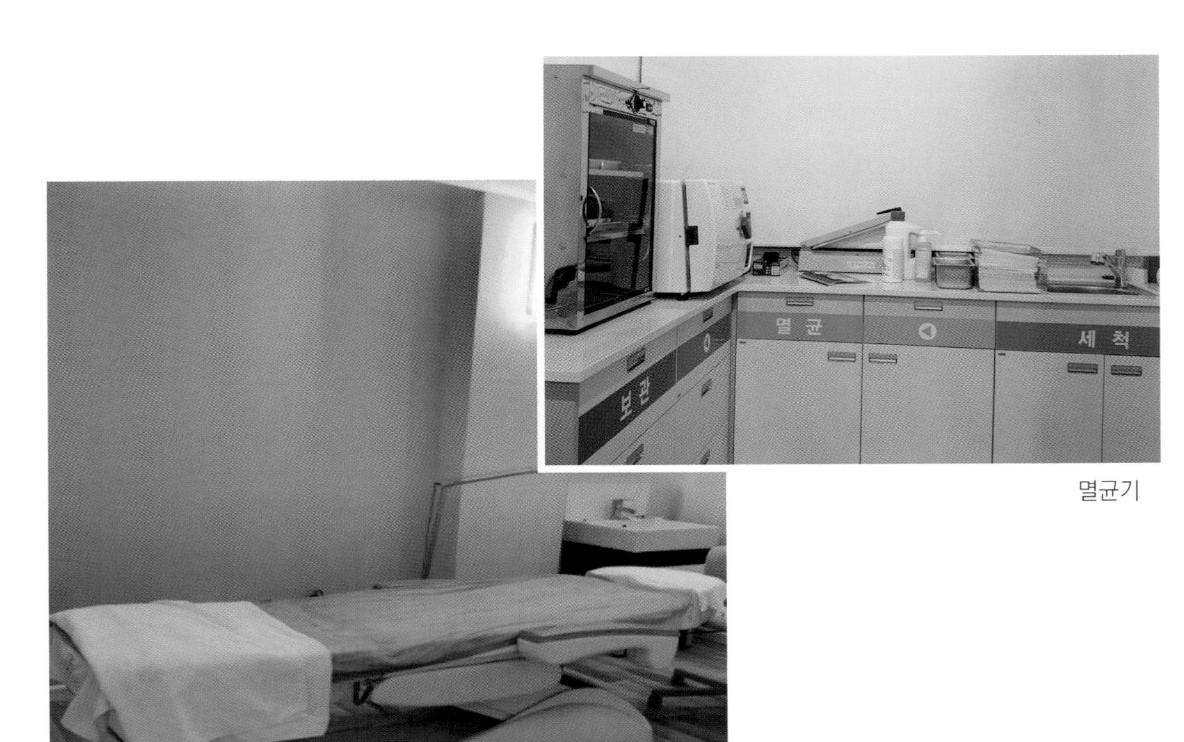

멸균기

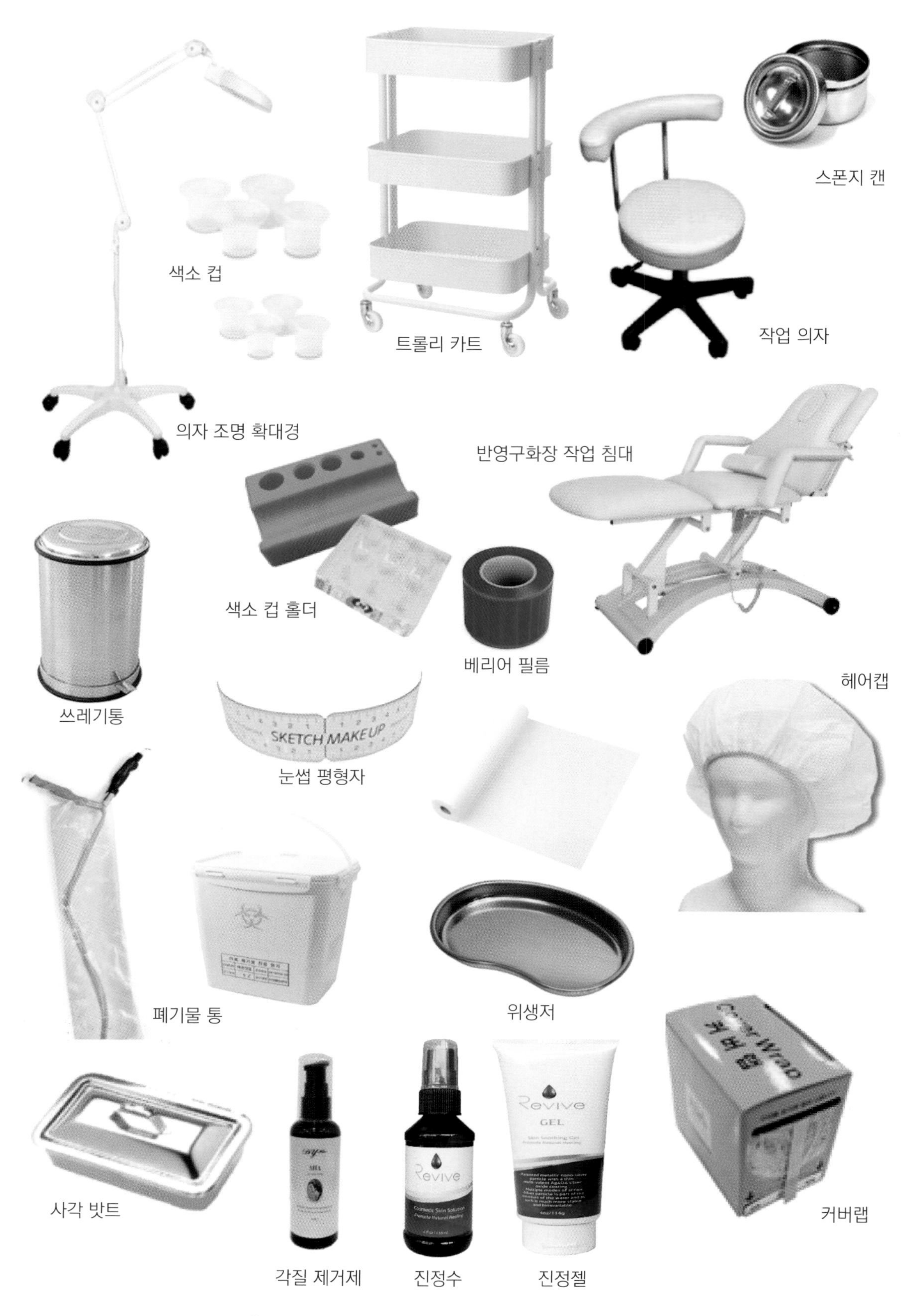

[그림 12-1] 반영구화장에 사용되는 용품

참고

- 작업 중이나 작업 후에 사용되는 제품은 작업 부위에 자극이 없어야 한다.
- 작업 후에 사용하는 제품은 작업 부위에 보호막을 형성시켜 주고 외부 세균으로부터 피부를 보호해준다.
- 제공된 제품은 작업 부위의 수분 증발을 막아주고 보습작용으로 각질이 두껍게 형성되는 것을 막아 준다.
- 작업 부위의 빠른 회복에 도움을 주어 색소의 지속력에 도움을 준다

2. 반영구화장 작업 순서

1) 고객 상담

① 고객 상담은 고객의 반영구화장에 대한 인식과 고객의 추구 사항을 알 수 있으며 그에 따라 교감이 형성되어 성공적인 반영구화장이 이루어질 수 있다.

② 고객관리 카드 작성은 이름, 나이, 질환, 작업 전후의 3~5일 정도 고객의 스케줄 등은 직접 고객이 체크하도록 한다.

③ 반영구화장 작업과 이후의 현상들의 관한 사항을 공지하고 고객의 관리 소홀로 발생할 수 있는 문제점 등을 미리 예방할 수 있도록 작업 동의서, 사후관리 지침서를 읽고 이해하였음을 인정하는 동의서에 자필 서명이 필요하다.

2) 고객관리 카드 작성의 효과

① 성명, 연령, 연락처 기록은 지속적인 고객관리가 용이하다.

② 반영구화장 작업 후 예상치 못한 문제 발생 시에 원인 파악이 용이하다.

③ 고객이 원하는 색상이나 디자인 등을 알 수 있다.

④ 시간이 지나도 1차, 2차 작업 과정을 알 수 있다.

⑤ 알레르기 및 질환 등 건강 상태를 알 수 있어 그에 따른 대처가 가능하다.

[표 12-1] 고객관리 카드

<table>
<tr><th colspan="8">고 객 카 드</th></tr>
<tr><td colspan="2">이름</td><td colspan="2"></td><td>성별</td><td></td><td>생년월일</td><td></td></tr>
<tr><td colspan="2">이메일</td><td colspan="4"></td><td>핸드폰</td><td></td></tr>
<tr><td colspan="2">주소</td><td colspan="4"></td><td>전 화</td><td></td></tr>
<tr><td colspan="8">건 강 상 태</td></tr>
<tr><td colspan="8">□ 복용 중인 약명: □ 임신 □ 출산:</td></tr>
<tr><td colspan="8">□ 음식 알러지 □ 라텍스 알러지 □ 약물 알러지 □ 메탈 알러지
□ 피부염/습진:</td></tr>
<tr><td colspan="8">□간염 □ 당뇨 □ 궤양 □ 암 □ 심장질환 □ 출혈성 질환 □ 수술병력 □ HIV</td></tr>
<tr><td colspan="8">□켈로이드 □대상포진 □지방흡입술 □박피술 □보톡스 □반흔</td></tr>
<tr><td colspan="8">□ 반영구화장, 영구화장 경험 : □눈썹 □아이라인 □입술/라인 □수정 □특수 반영구화장
□ 레이져 작업 (반영구화장, 영구화장) □기타 ( )</td></tr>
<tr><td colspan="2">작업 부위</td><td>눈썹</td><td>아이라인</td><td>입술</td><td>수정</td><td>특수 화장:</td><td>기타</td></tr>
<tr><td rowspan="2">색상·디자인</td><td>1차</td><td></td><td></td><td></td><td></td><td></td><td></td></tr>
<tr><td>2차</td><td></td><td></td><td></td><td></td><td></td><td></td></tr>
<tr><td colspan="2">작업자의 소견</td><td colspan="6"></td></tr>
<tr><td colspan="8">고객님이 제공한 위의 모든 내용은 사실임을 인정합니다.
날짜 : 20 . . . 성명 : ____________인(서명)</td></tr>
</table>

3) 고객 동의서

아래 내용들을 읽고 본인이 충분히 이해하였음을 각 항목에 v 체크하시기 바랍니다. 고객은 작업과 관련된 위험성 및 유해성에 대해 인지한 후 작업을 받을 것인지를 결정할 수 있도록 충분히 정보를 제공받을 권리가 있습니다.

□ 반영구화장/특수반영구화장/반영구화장 수정 등의 결과에 대해 어떠한 보장을 약속받지 않았습니다.

□ 반영구화장 작업과 관련하여 피부에 따라 색소의 번짐, 부기가 심할 수 있음을 들었습니다.

□ 작업 중, 작업 후에 생길 수 있는 불편함 등을 인지하고 있습니다.

□ 피부에 따라 색소나 메탈 알레르기 반응이 있을 수 있습니다.

□ 색소 제거는 전문 의료 과정을 통해서 제거될 수 있습니다.

□ 생활습관에 따라 색이 빨리 빠질 수 있으며 탈색, 변색이 발생할 수 있습니다.

□ 본 작업은 반영구화장으로 시간이 지나감에 따라 점점 옅어지고 색상이 완전히 없어질 수 있습니다.

□ 반영구화장 작업과 관련한 제반 사항에 대해 질문할 수 있는 기회를 가졌습니다.

□ 본인은 자발적으로 동의하였으며 위 내용을 충분히 숙지 후 동의합니다.

본인은 반영구화장에 대한 제반 사항들에 대해 설명과 동의서에 기재된 내용을 충분히 인지하였습니다.
작업 이후 관리 소홀로 발생하는 모든 책임이 본인에게 있으므로 작업 결과에 있어서 어떠한 이의 제기를 하지 않을 것입니다.

날 짜: 20　.　.　.　　　성 명: ________ 인 (서명)

4) 사후관리 지침서

사후관리 지침서는 작업 후 반드시 알린 후 메모해 주고, 작업 후 고객의 관리 방법에 따라 피부의 문제, 탈각 후 색소가 남지 않거나 다른 문제가 발생할 수 있음을 고지한다.

(1) 눈썹 작업 후 고객관리

① 제공한 제품은 1일 3회 3일간 아침, 저녁 면봉으로 발라 준다.

② 강한 세안제는 피하고 세안 후 각질이 부풀지 않도록 바로 물기를 제거하여야 한다.

③ 작업 부위가 가끔 가려울 수 있으나 재생되는 과정으로 발생될 수 있으므로 손대지 않아야 한다.

④ 작업으로 형성된 각질을 인위적으로 제거하지 않는다.

⑤ 작업 부위의 선크림은 작업 1주일 이후부터 바른다.

⑥ 눈썹 화장, 사우나, 수영 등 땀을 흘리는 과격한 운동은 1주일 이후부터 가능하다.

⑦ 작업 직후에는 색상이 진하나 각질이 탈각되면서 피부에 따라 약 30% 정도 옅어진다.

⑧ 피부에 따라 착색이 잘 안 되거나 각질 탈각 후 색소가 남지 않을 수 있다.

⑨ 2회차 작업은 4주 이후가 좋다.

(2) 아이라인 작업 후 고객관리

① 작업 직후 렌즈 착용은 피한다.

② 아이라인 부위에 모세혈관이 심하거나 오후 5시 이후에 작업 받을 시 다음날 더 부을 수 있다.

③ 강한 세안제는 피하고 세안 후 각질이 부풀지 않도록 바로 물기를 제거하여야 한다.

④ 작업 부위가 가끔 가려울 수 있으나 손대지 않아야 한다.

⑤ 작업으로 형성된 각질을 인위적으로 제거하지 않는다.

⑥ 눈화장, 사우나, 수영 등 땀을 흘리는 과격한 운동은 1주일 이후부터 가능하다.

⑦ 작업 직후에는 색상이 진하나 각질이 탈각되면서 약 30% 정도 옅어진다.

⑧ 피부에 따라 착색이 잘 안 되거나 각질 탈각 후 색소가 남지 않을 수 있다.

⑨ 제공한 제품을 1일 2회 3일간 아침, 저녁 면봉으로 발라 준다.

⑩ 피부에 따라 착색이 잘 안되거나 각질 탈각 후 색소가 남지 않을 수 있다.

⑪ 2차 작업은 4주 이후 가능하다.

(3) 입술 작업 후 고객관리

① 강한 세안제는 피하고 세안 후 각질이 부풀지 않도록 바로 물기를 제거하여야 한다.

② 작업 부위가 가끔 가려울 수 있으나 감염의 우려가 있으니 손대지 않아야 한다.

③ 작업으로 형성된 각질을 인위적으로 제거하지 않는다.

④ 입술화장, 사우나, 수영 등 땀을 흘리는 과격한 운동은 1주일 이후부터 가능하다.

⑤ 작업 직후에는 색상이 진하나 4일 후 각질이 탈각되면서 약 50% 이상 옅어지나 4주 정도 지남에 따라 색상이 표출된다.

⑥ 입술이 건조하지 않도록 제공된 제품을 소독된 면봉을 이용하여 1주일간 수시로 발라 준다.

⑦ 맵고 짠 자극성이 강한 음식은 피하고 식사 후 소독 솜 등으로 가볍게 닦고 제공된 제품을 면봉으로 발라 준다.

⑧ 술, 담배는 피하고 과로, 과다한 스트레스나 입술이 건조하면 헤르페스(Herpes)를 유발할 수도 있다.

⑨ 2차 작업은 색상과 피부 재생이 안정화된 8주 이후가 좋다.

참고

- 모세혈관과 신경이 많이 밀집되어 있는 입술은 민감하고 작은 자극에도 심한 통증을 느낄 수 있다.
- 입술은 음식 섭취나 말하기 등으로 움직임이 많아 쉽게 건조해져 제공한 제품을 꼭 발라 주어야 한다.

Chapter 13

반영구화장 작업 시 유의사항

1. 반영구화장을 피해야 하는 경우

① 임신 중, 출산 후 3개월 이내 또는 수유 중일 때

② 심장질환, 당뇨병, 출혈성 질환, 심신미약일 때

③ 각종 암 환자, 수술 후 치료 중일 때

④ 작업 부위에 여드름, 아토피 피부일 때

⑤ 작업 부위에 각종 피부 질환이 있을 때

⑥ 반영구화장이나 문신 레이저 작업 3개월 이내일 때

⑦ 작업 부위 박피술(Peeling) 후 1개월 이내일 때

⑧ 작업 부위에 필러 등 주입 후 3개월 이내일 때

⑨ 반영구화장 작업 후 1달 이내일 때

2. 건강

① **혈우병**

지혈이 늦다.

② **당뇨병**

상처 회복이 빨리 되지 않는다.

③ **심장병**

긴장이나 통증 완화제가 영향을 미칠 수 있으며 쇼크가 올 수 있다.

④ **고혈압**

긴장하면 일시적으로 혈압이 상승할 수 있다.

⑤ **알레르기 체질**

색소나 바늘(메탈), 통증 완화제 등의 알레르기를 유발할 수 있다.

⑥ **월경 중, 임신 중**

심신이 불안정하여 자극에 민감하게 반응할 수 있고 긴장 상태가 길어지면 예상하지 못한 결과를 초래할 수 있다.

⑦ **수유부**

통증 완화제 등의 문제로 작업 12시간 이후에 수유하는 것이 좋다.

⑧ **약물 복용**

항생제 등의 약물 복용은 또 다른 문제점을 야기시킬 수 있다.

⑨ **성형수술**

성형 부위의 반영구화장 작업은 부위에 따라 차이가 있을 수 있으나 최소 4~6개월 이후가 적당하다.

참고

건강 상태가 안 좋거나 수술 등 체력이 저하되었을 때는 반영구화장 작업 부위의 재생 능력도 떨어지므로 충분한 상담이 필요하다.

3. 피부

피부 유형에 따라 기기의 속도, 압력, 색소의 농도 등을 다르게 적용하여야 효과적인 반영구화장의 결과를 가져올 수 있다.

4. 연령

피부의 탄력 저하로 작업할 때 텐션(Tension)에 신경을 써야 하고 신진대사 저하로 재생이 늦어질 수 있으나 색상이 오래 유지되는 장점이 있다.

5. 환경

비위생적인 환경에서의 작업은 여러 세균으로부터 노출되어 병원균의 감염 원인이 될 수 있다.

6. 계절

계절에 따라 피부 재생 차이가 있고 감염의 우려도 있다.

① 하절기

신진대사 활성화로 피부의 재생은 빠르나 과도한 땀 분비나 잦은 세정으로 자칫 감염의 우려가 있다.

② 동절기

신진대사 저하로 피부 재생도 늦어질 수 있으며 작업 부위가 쉽게 건조해질 수 있어 보습에 신경을 써야 한다.

7. 기법

① **텐션을 정확하게 주어야 한다.**

손가락을 이용하여 작업 부위를 팽팽하게 고정시켜 작업하면 바늘이 스치듯이 부드럽게 지나가는 느낌을 반영구화장사가 느낄 수 있고 색소 착색도 용이하다.

② **바늘의 각도는 90° 를 유지하여야 한다.**

바늘이 피부에 닿는 각도에 따라 색소가 착색되는 피부층이 달라지며 피부에 고르게 착색된 색소 지속력도 달라진다.

③ **속도를 유지하여야 한다.**

사용하는 기기나 작업자에 따라 다르지만 속도가 너무 빠르면 색소 착색이 안 되고 피부에 상처만 남길 수 있다.

④ **리터치(Touch Up)는 피부에 자극을 줄 수 있다.**

1회 작업 시 한 번 터치한 곳을 여러 번 터치하면 피부에 심한 상처와 착색된 색소가 퍼질 수 있다.

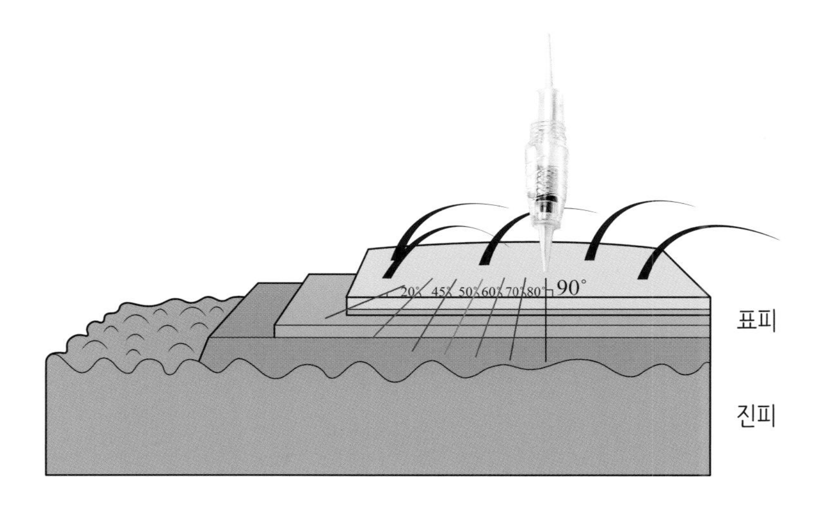

[그림 13-1] 바늘 각도에 따른 피부층의 바늘 터치 부위 비교

참고

반영구화장을 작업할 때 텐션과 바늘의 각도는 색소가 피부에 고르게 착색되고 오랫동안 유지되게 하는 데 매우 중요하다.

Chapter 14

피부 유형에 따른 반영구화장

1. 중성 피부(Normal Skin)

유·수분이 최적의 피부 상태로 촉촉하고 피부가 맑으며 모공이 작고 탄력이 있어 반영구화장 작업 시 색소 착색과 발색이 잘된다.

① 전처리

전처리제는 사용할 필요 없이 자극이 없는 소독솜으로 작업 부위 및 주변을 닦아낸 후 피부의 pH를 약산성으로 유지시켜 준다.

② 색상 선택

맑고 투명한 피부가 많아 선택한 색상이 그대로 표출되며 착색도 잘된다.

③ 색소 농도

중간 상태가 각질 탈각 후 자연스러운 색이 남는다.

④ 기기 조작

기계의 세기는 중으로 한다.

2. 건성 피부(Dry Skin)

피부가 얇고 모공이 작으며 유·수분 부족으로 건조하여 각질이 들떠 있지만 반영구화장 작업 시 색소 착색이 잘되며 유지력도 길다.

① 전처리

전처리제를 솜에 적셔 3분 정도 유지 후 잔여물을 제거하고 자극이 없는 소독솜으로 작업 부위 및 주변을 닦아낸 후 피부의 pH를 약산성으로 유지시켜 준다.

② 색상 선택

착색이 잘되는 피부로 착색이 강하게 될 수 있어 피부색보다 옅은 색상을 선택하여야 한다.

③ 색소 농도

묽은 상태가 탈각 후 자연스러운 색으로 남는다.

④ 기기 조작

피부가 얇아 약 또는 중으로 한다.

참고

- 가벼운 각질 제거는 빠른 착색과 탈각 후 얼룩 방지 효과도 있다.
- 피부가 얇아 작업 시 기기나 테크닉의 속도를 너무 빠르게 하면 피부 손상과 색상이 진하게 착색될 수 있다.

3. 지성 피부(Oily Skin)

피부가 두껍고 모공이 크며 유분기가 많아 일반 피부에 비해 색소 착색이 잘되지 않거나 옅게 남을 수 있으며 유지력도 짧다.

① 전처리

전처리제를 솜에 적셔 5분 정도 유지 후 잔여물을 제거하고 자극이 없는 소독솜으로 작업 부위 및 주변을 닦아낸 후 피부의 pH를 약산성으로 유지시켜 준다.

② 색상 선택

피부색보다 1~2단계 짙은 색상을 선택하여야 각질 탈각 후 자연스러운 색이 남는다.

③ 색소 농도

진한 상태가 착색도 잘되며 탈각 후 자연스러운 색으로 남는다.

④ 기기 조작

모공이 확장되어 있어 거칠어서 뜯김이 있을 수 있어 중 또는 강으로 한다.

참고

- 유분기가 많고 모공이 커서 착색이 잘 되지 않아 천천히 작업해야 1회 터치로도 착색이 된다.
- 잦은 터치는 림프액이나 출혈이 쉽게 발생하여 색소 착색이 잘 안 되거나 퍼질 수 있다.
- 모공이 열려 있고 피지 분비가 많아 색소가 쉽게 빠진다.

4. 민감 피부(Sensitive Skin)

피부가 얇고 민감하여 자극에 쉽게 반응하고 붉어진다. 표피가 얇아 착색도 잘되지 않으며 진피층까지 손상을 줄 수 있어 색소가 퍼질 수 있다

① 전처리

전처리제는 사용하지 않고 자극이 없는 소독솜으로 작업 부위 및 주변을 닦아낸 후 피부의 pH를 약산성으로 유지시켜 준다.

② 색상 선택

모세혈관이 보이며 붉은 피부가 많아 색상 선택 시 베이스가 붉은색은 피해야 각질 탈각 후 자연스러운 색이 남는다.

③ 색소 농도

얇은 피부는 착색이 잘 안 되거나 퍼질 수 있어 중간 정도로 한다.

④ 기기 조작

피부가 얇아 약으로 한다.

참고

- 표피층이 얇아 기계의 속도나 테크닉에 주의하여야 한다.
- 압력이 강하거나 테크닉이 너무 느리면 피부에 자극이 되어 피가 날 수 있고 색소가 퍼질 수 있다.

5. 복합 피부(Combination Skin)

건성, 지성, 민감 등 여러 유형의 피부 유형이 섞여 있어 색소 착색이 고르지 않다.

① 전처리

전처리제는 사용하지 않고 자극이 없는 소독솜으로 작업 부위 및 주변을 닦아낸 후 피부의 pH를 약산성으로 유지시켜 준다

② 색상 선택

피부색에 따라 선택하고 부분적으로 피부색과 두께가 고르지 않아 각질 탈각 후 얼룩질 수 있어 색상 선택에 신중해야 한다.

③ 색소 농도

부분적으로 피지 분비가 많아 중간 정도로 한다.

④ 기기 조작

피부가 고르지 않아 중으로 한다.

참고

- 피부의 결이 고르지 않아 부위에 따라 피가 나고 색소가 퍼질 수 있다.
- 피부 유형이 고르지 않아 탈각 후 얼룩이 남을 수 있다.

6. 노화 피부(Aged Skin)

피부의 유·수분과 탄력이 적으며 대체적으로 건성 피부가 많아 색소 착색은 잘되나 피부 재생 능력이 늦어 색상 유지 기간이 길다.

① 전처리

전처리제를 솜에 적셔 5분 정도 유지 후 잔여물을 제거하고 자극이 없는 소독솜으로 작업 부위 및 주변을 닦아낸 후 피부의 pH를 약산성으로 유지시켜 준다.

② 색상 선택

피부 색상의 따라 선택하되 유·수분이 적고 각질이 쉽게 탈각되지 않아 진한 색은 피한다.

③ 색소 농도

수분이 부족하고 피부 재생이 느려 진하게 착색될 수 있어 묽은 정도로 한다.

④ 기기 조작

피부의 탄력이 없어 중 또는 강으로 한다.

참고

- 표피층과 진피층이 얇아 기기 속도나 작업도 천천히 한다.
- 탄력 저하로 작업 부위의 피부 텐션이 중요하다.
- 각화 주기가 늦어 작업 후 유지 기간이 길어지므로 너무 진한 색상은 피한다.
- 상처 치유 능력이 저하되어 작업 후 관리에 신경을 써야 한다.

7. 남성 피부(Men's Skin)

남성 피부가 여성 피부에 비해 약 25% 정도 더 두꺼우나 이는 표피층은 매우 얇고 진피의 대부분이 콜라겐으로 이루어져 있어 진피층의 콜라겐 두께 차이로 볼 수 있다.

피부 두께는 유년기엔 성별에 따라 큰 차이가 없으나 청소년기를 지나면서 남성호르몬의 영향으로 차이가 생긴다. 연령과 피부 부위별로 차이가 있지만 성인 남자의 피부 두께는 얼굴의 볼 부위를 기준으로 했을 때 약 1.5mm 안팎으로, 성인 여자(약 1.2mm)에 비해 0.3mm(25%) 두껍다.

① 전처리

전처리제는 솜에 적셔 5분 정도 유지 후 자극이 없는 소독솜으로 작업 부위 및 주변을 닦아낸 후 피부의 pH를 약산성으로 유지시켜 준다.

② 색상 선택

피부 색에 따라 선택하되 신진대사가 빨라 색상이 빨리 옅어질 수 있어 진한 색을 선택한다.

③ 색소 농도

대체적으로 유분이 많고 착색이 느려 진한 정도의 농도로 한다.

④ 기기 조작

강도가 강하면 쉽게 피가 날 수 있어 중으로 한다.

참고

남성이 여성보다 적은 자극에도 강한 통증을 느끼고 피가 나는 경우는 표피층이 얇기 때문이다.

색소 농도의 정도

색소의 농도는 제조사나 작업자에 따라 차이가 다를 수 있다.

- 진함: 크림 형태의 떠 먹는 유산균
- 중간: 크림 형태의 빨대로도 먹을 수 있는 유산균(진함과 묽음 상태의 중간)

- 묽음: 로션 형태의 빨대로 먹는 유산균

기계 속도의 표기

- 기기에 따라 표기 방법이 다를 수 있다.
- 기기의 속도나 작업자의 속도, 압력의 강도는 개인에 따라 차이가 있을 수 있다.

Chapter

15 반영구화장의 작업 과정

1. 피부색에 맞는 색상 선택

피부와 색소는 따뜻한 색(Warm Tone)과 차가운 색(Cool Tone)을 구분하여 색상을 선택하면 반영구화장의 효과를 증대시킬 수 있다.

① 피부색과 반영구화장 색소는 그린(Green)의 차가운 색(Cool Tone)과 황색(Yellow)의 따뜻한 색(Warm Tone)으로 나누어진다.

② 손목 안쪽의 비치는 혈관의 색과 색소를 피부에 발라 문질러서 어울리는 색의 색상을 결정한다.

③ 따뜻한 피부색에 따뜻한 색을 바르면 색상이 뚜렷하지 않고 뚜렷하게 표출되면 차가운 색이다.

[표 15-1] 피부색에 맞는 색상

차가운 색 & 따뜻한 색	피부색	색 상	표 출
차가운 색(Cool Tone) 그린(Green)	그린(Green)	그린(Green)	자연스러운 표출
	그린(Green)	황색(Yellow)	뚜렷한 표출
따뜻한 색(Warm Tone) 황색(Yellow)	황색(Yellow)	황색(Yellow)	자연스러운 표출
	황색(Yellow)	그린(Green)	뚜렷한 표출
• 피부색과 반대되는 색상을 사용할 때 뚜렷한 입체감이 표현된다.			

2. 눈썹(Eyebrow)

1) 눈썹 색상

눈썹 색상은 차가운 색(Cool Tone)과 따뜻한 색(Warm Tone)으로 나누어져 있어 피부색과 피부톤에 따라 색상을 선택하여 단독으로 사용하거나 두 가지 색상을 배합해서 사용한다.

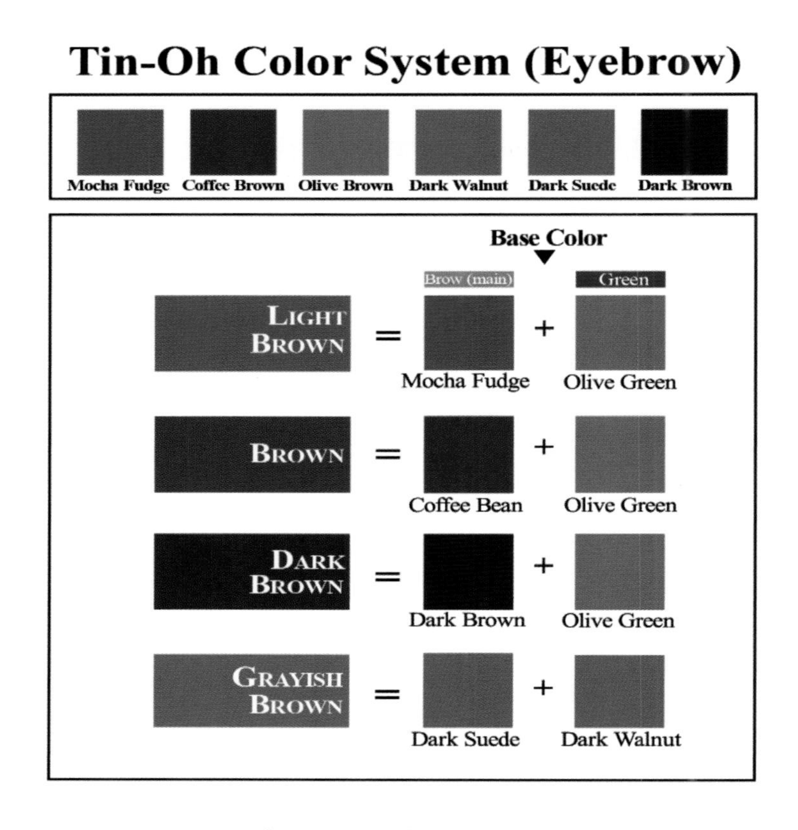

[그림 15-1] 눈썹 색상

2) 피부색에 어울리는 눈썹 색상 선택

① 눈썹의 형태나 눈썹 색상은 인상과 분위기를 결정하는 데 중요한 역할을 한다.

② 피부색이나 눈동자 색 등의 이미지에 맞는 눈썹 색상을 선택한다.

③ 피부색이 차가운 색(Cool Tone), 따뜻한 색(Warm Tone)을 구분하여 색상을 선택한다.

<table>
<tr><th>색상
Colors</th><th>명칭
Name</th><th>베이스
Base</th><th>톤
Tone</th><th>적용
Application</th></tr>
<tr><td rowspan="3"></td><td rowspan="3">브라운 블랙
Brown Black
B/B
진한 갈색</td><td rowspan="3">Brown /
Green</td><td rowspan="3">차가운 색
Cool Tone</td><td>눈썹, 아이라인</td></tr>
<tr><td>* 배합: 단독 사용.M/F또는 D/W
* 비율: 1:0.2</td></tr>
<tr><td>검정 모발, 남성 눈썹</td></tr>
<tr><td rowspan="3"></td><td rowspan="3">다크 브라운
Dark Brown
D/B
옅은 갈색</td><td rowspan="3">Yellow
/Brown</td><td rowspan="3">따뜻한 색
Warm Tone</td><td>눈썹, 아이라인</td></tr>
<tr><td>* 배합: O/B
* 비율: 1: 0.5</td></tr>
<tr><td>흰 피부, 갈색 모발</td></tr>
<tr><td rowspan="3"></td><td rowspan="3">커피 빈
Coffee Bean
갈색C/B</td><td rowspan="3">Brown
/Orange</td><td rowspan="3">따뜻한 색
Warm Tone</td><td>눈썹, 아이라인, 유륜</td></tr>
<tr><td>*배합: O/B이나 D/S 또는 Mink.
*비율: 1:0.5</td></tr>
<tr><td>흰색, 황색, 갈색 피부, 갈색 모발</td></tr>
<tr><td rowspan="3"></td><td rowspan="3">차 콜
Charcoal
C/C
회갈색</td><td rowspan="3">Black
/Gray</td><td rowspan="3">차가운 색
Cool Tone</td><td>눈썹, 아이라인</td></tr>
<tr><td>*배합: 단독 사용. M/F 또는 D/W
*비율: 1: 0.2</td></tr>
<tr><td>회색 모발, 남성 눈썹</td></tr>
</table>

[그림 15-2] 눈썹 색상

참고

- 색과 색을 희석해서 사용할 때는 색상의 베이스를 보고 주 색상(Main Color)을 먼저 선택 후 추가(Add)하는 색상을 선택한다.
- 추가하는 색은 1가지 색상 정도가 적당하나 상황에 따라 2가지 색상을 추가해서 배합한다.
- 배합 후 반드시 고객 피부에 확인 후 추가를 고려한다.

색상 Colors	명칭 Name	베이스 Base	톤 Tone	적용 Application
	모카 퍼지 Mocha Fudge	Brown/ Yellow	따뜻한 색 Warm Tone	눈썹, 아이라인, 흉터, 유륜
	밍크 Mink	Green	차가운 색 Cool Tone	눈썹, 아이라인, 흉터
	올리브 브라운 Olive Brown	Yellow /Green	차가운 색 Cool Tone	눈썹, 아이라인, 흉터, 유륜
	다크 슈드 Dark Suede	Green	차가운 색 Cool Tone	눈썹, 아이라인, 흉터
	다크 월넛 Dark Walnut	Brown	차가운 색 Cool Tone	눈썹, 아이라인, 흉터, 유륜
	카멜 Camel	Yellow	따뜻한 색 Warm Tone	눈썹, 아이라인, 흉터, 유륜

[그림 15-3] 배합하는 색상

3) 눈썹 작업 전 고객 고지 사항

① 작업 후 1주일 동안 강한 세안제는 피하고 세안 후 각질이 부풀지 않도록 바로 물기를 제거하여야 한다.

② 작업 부위가 가끔 가려울 수 있으나 손대지 않아야 한다.

③ 작업으로 형성된 각질을 인위적으로 제거하지 않는다.

④ 눈썹 화장, 마사지, 사우나, 수영 등 땀을 흘리는 과격한 운동은 1주일 이후부터 가능하다.

⑤ 필링제 사용이나 강한 햇빛은 색소의 탈색과 변색 원인이 되기도 한다.

⑥ 선크림 사용은 1주일 이후 사용을 권장한다.

⑦ 잦은 수영, 사우나, 마사지 등은 색소가 빨리 없어지는 원인이 되기도 한다.

⑧ 작업 직후는 색상이 진하나 각질이 탈각되면 약 30% 정도 옅어진다.

⑨ 피부에 따라 색소 착색이 잘 안 되거나 각질 탈각 후 색소가 안 남을 수 있다.

⑩ 제공한 제품을 3일 동안 1일 2회 아침, 저녁 면봉으로 발라 준다.

⑪ 2회차 작업은 피부에 따라 4주 이후 가능하다.

4) 눈썹 작업 시 반영구화장사의 유의 사항

① 색소의 양은 여유 있게 준비하는 것을 권장한다.

② 반복 터치는 피부 손상이 많고 변색의 원인이 되기도 한다.

③ 작업 중 자주 닦으면 피부에 자극이 될 뿐 아니라 색소 착색이 잘 되지 않는다.

④ 작업 중 수분이 많은 솜으로 닦게 되면 착색을 방해하며 각질이 두껍게 형성될 수 있다.

⑤ 작업 전에 사용하는 소독제는 피부에 자극이 적은 제품을 사용한다.

⑥ 작업 중 사용되는 솜은 무알코올 제품을 사용한다.

⑦ 색상 선택에 있어 색상의 기본색을 알아야 한다.

⑧ 색과 색이 혼합되어 또 다른 색이 만들어져 작업할 시 여러 색상의 색소를 희석할수록 색이 탁해진다.

⑨ 통증 완화 크림이나 통증 완화 젤은 작업 바로 직전 닦아 낸다.

참고

작업 경험이 적을수록 색소 손실이 많을 수 있으며 작업 중 색소 부족으로 색소를 추가해서 배합하면 색상이 다를 수 있다.

5) 사용하는 기법

(1) 전동 기계를 이용한 그러데이션 기법

① Tapping Technique(태핑 기법. 가볍게 스치듯이 그리기)

② Rolling Technique(롤링 기법, 원 그리기)

③ Scratch Technique(스크래치, Z기법)

④ Stroke Technique(스트로키 기법, 붓으로 털을 그리듯 부드럽게 그리기)

(2) 전동 기계를 이용한 페더링 기법

① Feathering Technique(깃털처럼 가볍게 그리기),

② C Curl Technique(C컬 기법, 곡선형 선으로 그리기)

(3) 펜 기기를 이용한 3D, 4D, 5D 눈썹

- C Curl Technique(C컬 기법, 곡선형 선으로 그리기)

(4) 전동 기기나 펜 기기를 이용한 안개 눈썹

- Point Technique(포인트 기법, 점묘 기법, 점 찍기)

6) 눈썹 작업 순서

① 고객 상담

② 고객 카드 및 동의서 작성

③ 클렌징을 이용하여 눈썹 화장과 얼굴 화장을 지우고 깨끗이 세안한다.

④ 소독솜을 이용하여 작업 부위 및 주변을 소독한다.

⑤ 눈썹 부위에 각질 제거제를 피부 유형에 맞게 약 1~ 5분 정도 발라준 후 닦아 낸다.

⑥ 1차 통증 완화 크림을 바르고 랩을 덮어 약 20분 정도 기다린다.

⑦ 고객의 의견을 참고하고 피부색에 맞는 색상을 선택하여 준비한다.

⑧ 통증 완화제를 닦아낸 후 작업 부위 및 주변을 소독솜을 이용하여 닦아 낸다.

⑨ 고객의 얼굴형과 어울리는 균형이 맞는 눈썹을 디자인한다.

⑩ 일회용 라텍스 장갑을 착용하고 멸균되어 있는 바늘을 개봉하여 기계에 부착한다.

⑪ 부착 후 소독 스프레이나 소독솜을 이용하여 장갑과 기계를 소독한다.

⑫ 오른쪽 눈썹 1차 작업이 끝나면 색소를 닦지 않고 마이크로 면봉을 이용하여 2차 통증 완화 젤을 바른다.

⑬ 왼쪽 눈썹 1차 작업 후 색소를 닦지 않고 마이크로 면봉을 이용하여 2차 통증 완화 젤을 바른다.

⑭ 오른쪽 눈썹을 소염, 진정 솜을 이용하여 통증 완화제를 닦고 부족한 부분을 채운다.

⑮ 왼쪽 눈썹의 소염, 진정 솜을 이용하여 2차 통증 완화제를 닦고 부족한 부분을 채운다.

⑯ 고객의 양쪽 눈썹의 대칭을 확인한다.

⑰ 소염, 진정 솜으로 작업 부위 및 주변을 깨끗하게 닦고 보습, 소염 젤을 발라 준다.

⑱ 고객에게 주의사항 공지 후 2회차 작업 예약을 정한다.

⑲ 집에서 3일간 바를 수 있는 제품을 제공한다.

1. 통증 완화제를 작업 부위보다 약간 넓게 바른다.

2. 통증 완화제의 효과를 증대하기 위해 랩을 덮어 약 20분 정도 기다린다.

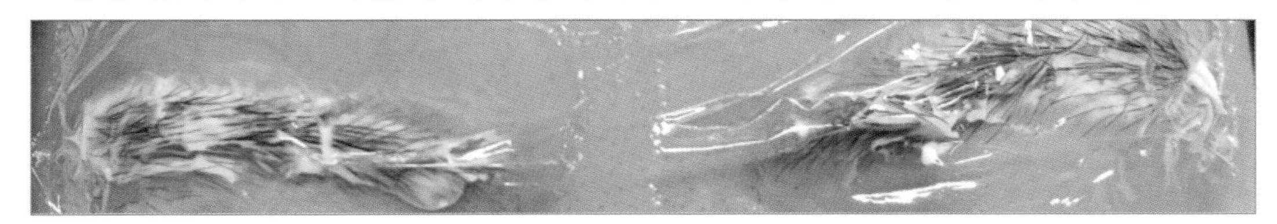

3. 어울리는 눈썹을 디자인한다.

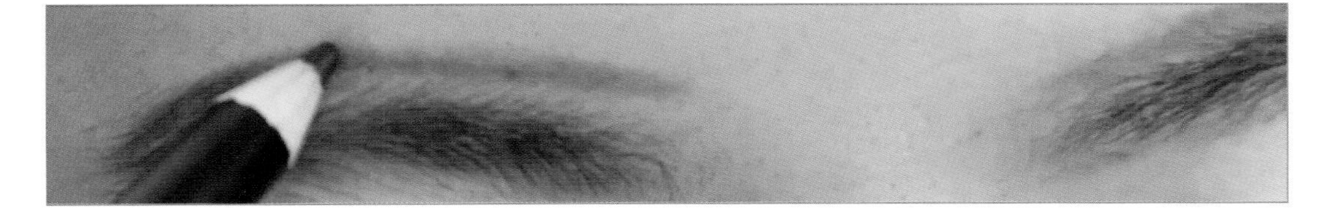

4. 텐션을 주면서 천천히 작업한다.

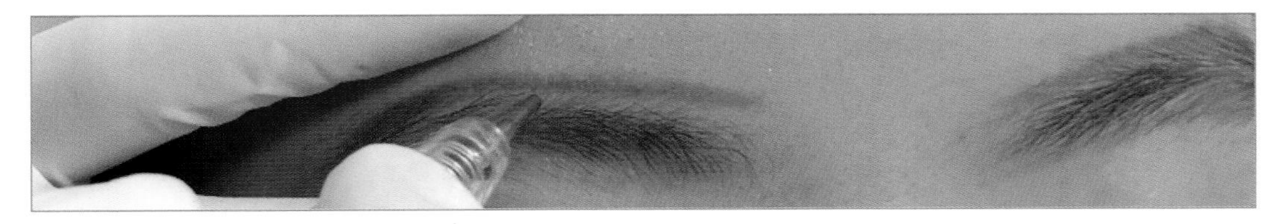

3. 아이라인(Eyeline)

아이라인은 눈을 선명하게 보이기도 하지만 눈의 형태의 변화를 주어 이미지를 바꾸기도 한다. 모세혈관과 신경이 많이 밀집된 곳으로 안전하고 자연스러운 아이라인 반영구화장을 위해서 안검(眼瞼, Eyelids)의 해부학적 지식을 습득하는 것이 필요하다.

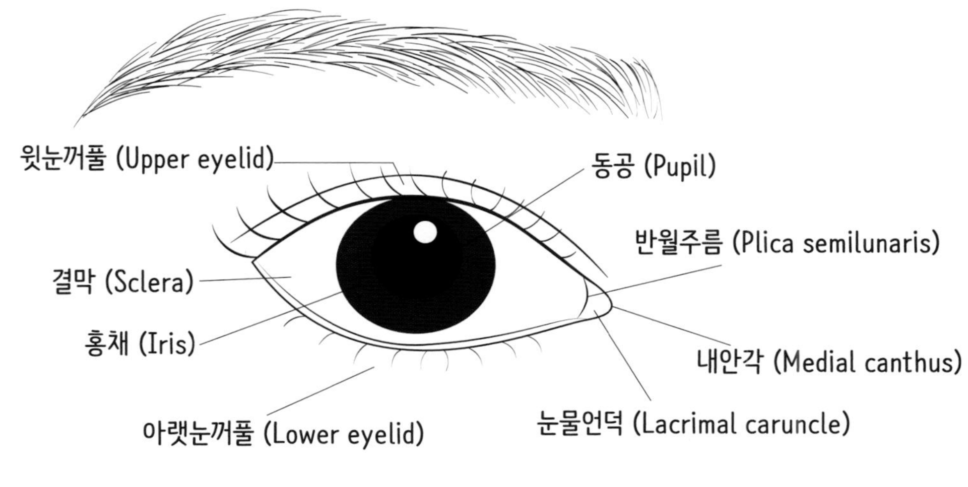

[그림 15-4] 안검 명칭

1) 안검의 해부학

① 아이라인 피부는 2~3mm의 두께가 얇고 탄력성은 있으나 피하지방이 매우 적고, 피하에 있는 적은 양의 결합지방 조직이 안륜근(眼輪筋, Muscle Orbicularis Oculi)과 느슨하게 붙어 있어서 부종과 혈종이 잘 생길 수 있다.

② 감각신경으로 삼차신경인 누선신경(淚腺神經, Nerve Lacrimalis)과 안와하신경(眼窩下神經, Nerve Infraorbitalis) 등이 분포되어 있어 통증에 민감하게 반응한다.

참고

- 안검: 눈꺼풀
- 안륜근: 눈둘레근(눈꺼풀 속에 있는 고리 모양의 힘살)

- 누선신경: 누선, 결막, 윗눈꺼풀에 분포하는 신경. 삼차 신경인 눈신경의 가지이며, 눈구멍 속에서 바깥쪽으로 뻗는다.
- 안와하신경: 위턱 신경이 안와 속으로 들어가 눈 아래 고랑, 안와하관, 안와하공을 지나 얼굴로 나오는 감각 신경. 아래 눈꺼풀, 코, 윗입술 부위의 피부, 그리고 위쪽 잇몸과 치아에 분포한다.

2) 아이라인 작업 전 고객 고지 사항

① 작업 후 1주일 동안 강한 세안제는 피하고 세안 후 각질이 부풀지 않도록 바로 물기를 제거하여야 한다.

② 작업 직후 렌즈 착용은 피한다.

③ 예민 피부나 오후 5시 이후에 작업 시 하루에서 이틀 더 부을 수 있다.

④ 피부에 따라 착색이 잘 안 되거나 각질 탈각 후 색소가 남지 않을 수 있다.

⑤ 작업 후 시야가 약간 흐릿해 보이는 것은 일시적인 현상이므로 절대 문지르면 안 된다.

⑥ 작업 직후에는 색상이 진하나 각질이 탈락되면서 약 30% 이상 옅어진다.

⑥ 작업 부위가 가끔 가려울 수 있으나 손대지 않아야 한다.

⑦ 작업으로 형성된 각질을 인위적으로 제거하지 않는다.

⑧ 아이라이너, 눈썹 성장 촉진제가 아이라인 색상에 영향을 미칠 수 있다.

⑨ 눈화장, 사우나, 수영 등 땀을 흘리는 과격한 운동은 1주일 이후부터 가능하다.

⑩ 제공한 제품을 3일 동안 1일 2회 아침, 저녁 면봉으로 발라 준다.

⑪ 2회차 작업은 4주 이후 가능하다.

3) 아이라인 작업 전, 후 반영구화장사의 유의 사항

(1) 작업 전

① 콘택트렌즈 착용을 반드시 확인한다.

② 통증 완화제는 아이라인 전용 제품을 사용한다.

③ 통증 완화제가 눈에 들어가지 않도록 적당량 바른 후 고객을 안정감 있게 젖은 솜을 이용하여 덮어 준다.

④ 오후 5시 이후 작업 시 더 부을 수 있다.

⑤ 잦은 터치나 작업 시간이 길어지면 눈이 더 부을 수 있다.

⑥ 색소 등이 눈에 들어가지 않도록 주의한다.

⑦ 작업할 때 눈물을 많이 흘리는 경우 심하게 부을 수 있다.

⑧ 작업할 때 눈동자가 보이지 않도록 주의한다.

⑨ 작업할 때 텐션을 주면 안전하고 색상도 착색이 잘된다.

⑩ 아이라인 주변 피부가 얇고 모세혈관 확장증이 심하면 착색이 잘 안 되고 심하게 부을 수 있음을 고객에게 알린 후 작업한다.

⑪ 기법은 주로 긴 선 형태의 헤어 바이 헤어 기법(Hair By Hair Touch)으로 작업한다.

(2) 작업 후

① 작업이 끝난 후 고객의 얼굴을 옆으로 돌리고 식염수를 눈에 가볍게 흘려 여분의 색소가 남지 않도록 한다.

② 아이라인은 작업 후 눈을 감고 있으면 붓기가 더 심해질 수 있다.

③ 소독이 되어 있는 젖은 면봉을 이용하여 내안각을 닦아 낸다.

④ 심하게 부은 경우 가볍게 냉찜질을 해주면 좋다.

⑤ 시야가 약간 흐릿해 보이는 것은 일시적인 현상이므로 문지르지 않도록 주의시킨다.

⑥ 당일 콘택트렌즈는 착용하지 않도록 한다.

4) 아이라인에 사용되는 색상

아이라인 색상은 주로 검정을 단독으로 사용하거나 변색을 방지하기 위해 브라운 계열의 색상을 소량 희석해서 사용한다.

색상 Colors	명칭 Name	베이스 Base	톤 Tone	적용 Application
	브라운 블랙 Brown Black B/B 진한 갈색	Brown /Green	차가운 색 Cool Tone	단독 사용
	미드나잇 블랙 Midnight Black M/B 검정	Black /Blue	차가운 색 Cool Tone	* 배합: W/U/B 또는 W/U/L * 비율: M/B 1: 0.1~2

[그림 15-5] 아이라인 색상

색상 Colors	명칭 Name	베이스 Base	톤 Tone	적용 Application
	웜 잇 업 포 브로우스 Warm it Up For Brows W/U/B	Yellow /Red	따뜻한 색 Warm Tone	변색 수정
	웜 잇 업 포 립스 Warm it Up For Lips W/U/L	Orange	따뜻한 색 Warm Tone	변색 수정 또는 어두운 입술

[그림 15-6] 배합과 중화하는 색상

참고

- 아이라인 색상은 주로 검정색을 사용하는데 검정색의 특성상 푸른(Blue) 계열로 변색될 우려가 있어 변색 방지를 위해 중화 색상을 배합한다. 배합하는 색이 많으면 검정이 옅어질 수 있다.

5) 아이라인 작업 순서

① 고객 상담

② 고객 카드 및 동의서 작성

③ 렌즈 착용 시 제거한다.

④ 눈 전용 클렌저를 이용하여 메이크업을 지운 후 세안을 한다.

⑤ 소독솜을 이용하여 작업 부위와 주변 피부를 소독한다.

⑥ 아랫눈썹 위에 젖은 얇은 소독솜을 얹고 위에 랩을 올린다.

⑦ 통증 완화제를 면봉을 이용하여 가볍게 문지르듯이 발라 준다.

⑧ 통증 완화제 바른 곳을 랩으로 감싸 덮고 소독솜으로 다시 덮어 약 20분 정도 기다린다.

⑨ 심한 깜박임이나 눈을 뜨면 통증 완화제가 눈에 들어갈 수 있으니 주의한다.

⑩ 고객에게 어울리는 색상을 준비한다.

⑪ 소독솜을 이용하여 통증 완화제를 닦아 낸다.

⑫ 일회용 라텍스 장갑을 착용하고 멸균되어 있는 바늘을 개봉하여 기계에 부착한다.

⑬ 부착 후 소독 스프레이나 소독솜을 이용하여 장갑과 기계를 소독한다.

⑭ 고객이 눈물을 흘릴 수 있으니 고개를 눈썹꼬리 쪽으로 기우려 소독솜을 아이라인 끝에 대고 검지, 중지를 이용하여 눈동자가 보이지 않도록 텐션을 주면서 작업한다.

⑮ 작업 후 색소를 닦지 않고 통증 완화제를 바르고 진정, 소염 효과가 있는 젖은 솜으로 덮어 준다.

⑯ 왼쪽도 같은 방법으로 작업한다. (⑭, ⑮번 참고)

⑰ 오른쪽 2차 통증 완화제를 닦고 부족한 부분을 채운 후 색소를 깨끗이 닦아 준다.

⑱ 부기를 줄이기 위해 진정과 소염 효과가 있는 차가운 솜을 올려 준다.

⑲ 반대쪽 눈의 통증 완화제를 닦아낸 후 부족한 부분을 채워 준다.

⑳ 소염, 진정 솜을 충분히 적셔 닦아 주고 고객의 얼굴을 옆으로 돌리고 식염수를 눈에 가볍게 흘려 준다.

㉑ 젖은 면봉을 이용하여 부드럽게 다시 한번 닦아 준다.

㉒ 소염, 진정 겔을 발라 준다.

1. 아이라인 전용 통증 완화제를 눈에 들어가지 않도록 적당량 바른다.

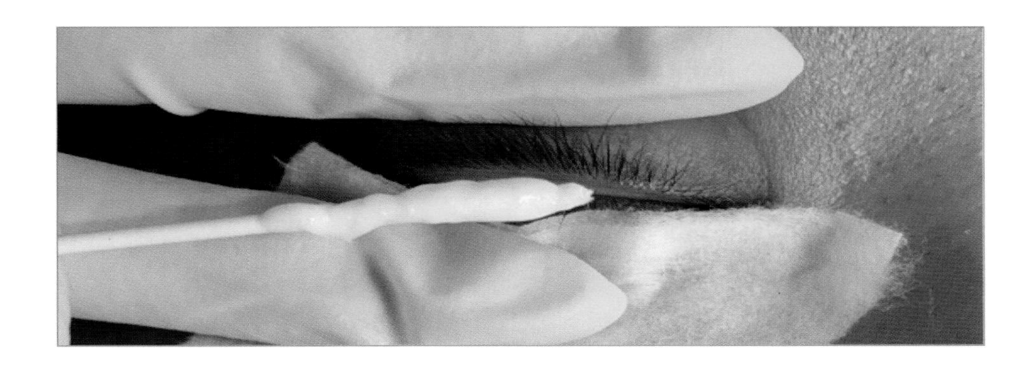

2. 통증 완화제의 효과를 높이고 눈에 들어가지 않도록 랩으로 감싸 덮는다.

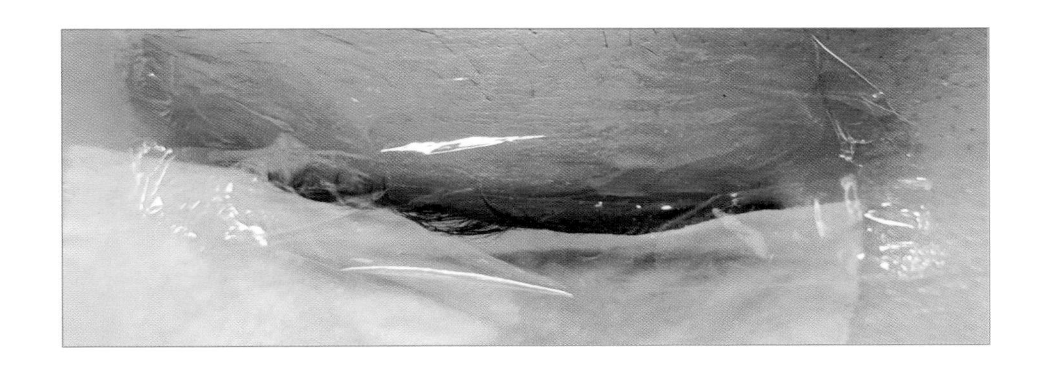

3. 고객에게 안정감을 주도록 소독솜으로 다시 덮어 약 20분 정도 기다린다.

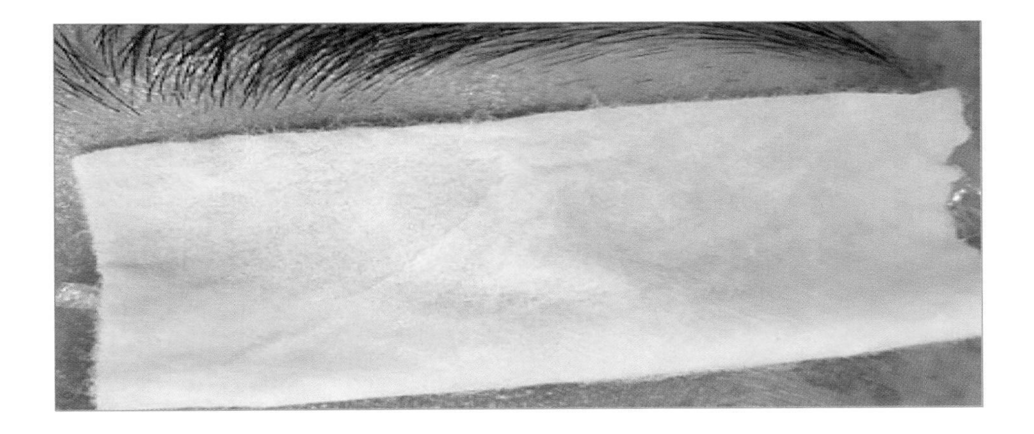

4. 고객이 눈물을 흘릴 수 있으니 고개를 눈썹꼬리 쪽으로 기울여 젖은 소독솜을 아이라인 끝에 대고 검지, 중지를 이용하여 눈동자가 보이지 않도록 텐션을 주면서 작업한다.

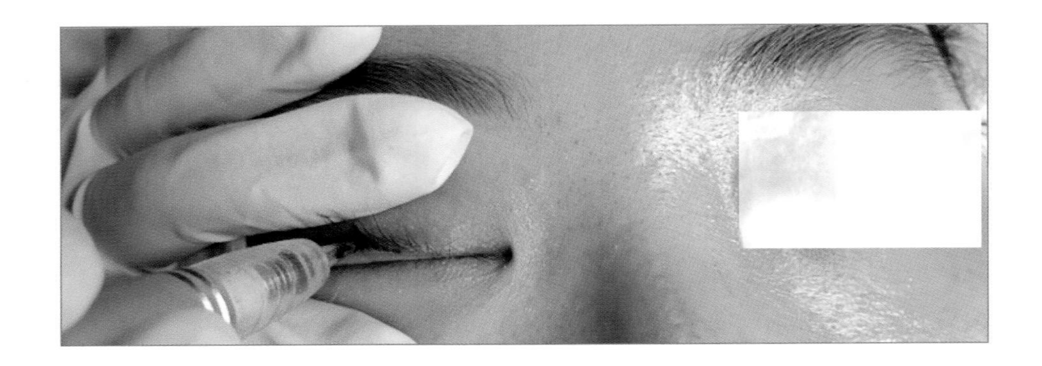

6) 언더라인(Underline)

언더라인 반영구화장은 자연스럽게 포인트 기법으로 하면 눈썹이 난듯한 착시 효과를 줄 수 있다. 작업은 눈꼬리 쪽에서 시작하여 앞쪽으로 간격을 넓혀 주면서 그러데이션 효과를 나타내 준다.

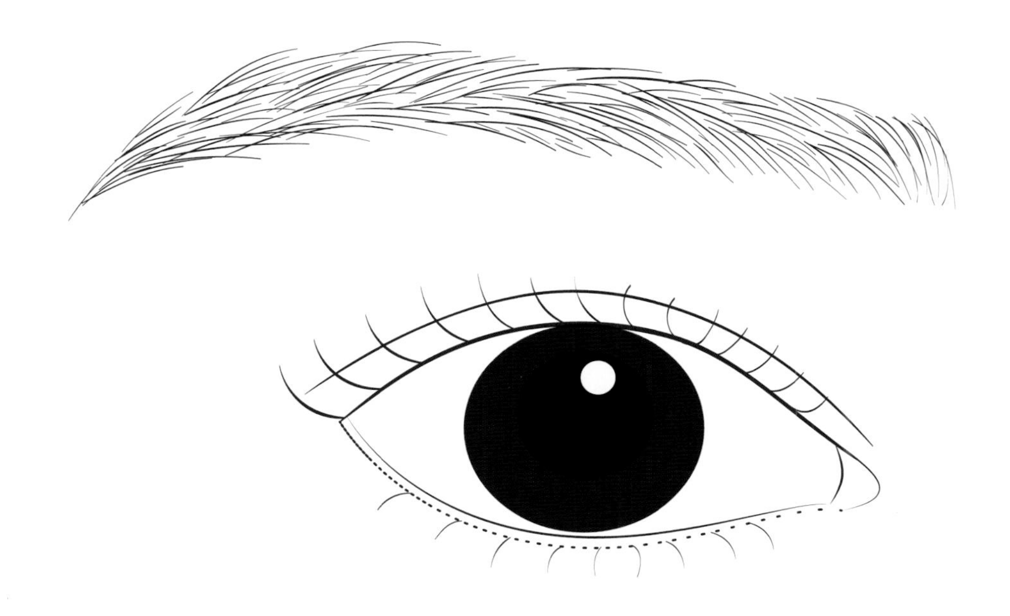

[그림 15-7] 언더라인(Underline)

4. 입술(Lips)

1) 입술 형태 및 구조

입술은 건강 상태를 나타내며 피부가 얇고 피지선이 없어 건조해지기 쉽다. 또한, 모세혈관이 많이 밀집되어 있어 작은 자극에도 통증을 느끼고 쉽게 피가 날 수 있기 때문에 세심한 주의가 필요하다.

입술은 모두 3개의 다른 세포층으로 이행된다.

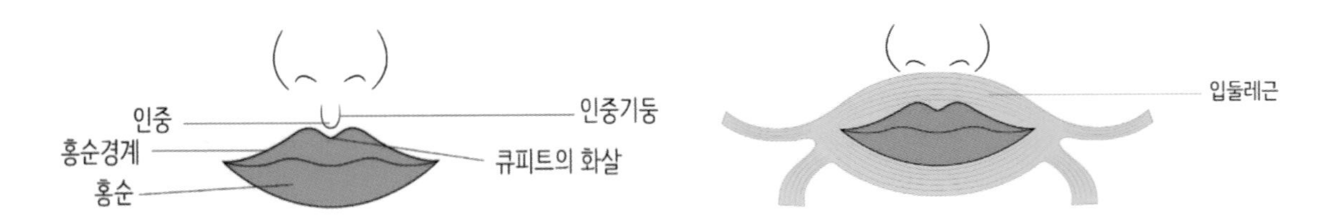

[그림 15-8] 입술의 형태 및 입둘레근

(1) 바깥면

① 입술의 얇은 피부 부분으로 표피층과 진피층, 많은 수의 모낭(Hair Follicle)과 피지선(Sebaceous Gland) 등이 분포되어 있으며, 입모근(Erector Pili Muscle)과 땀샘(Sweat Gland) 등이 있다.

② 구각(입꼬리, Mouth Angle)에는 이소성(Ectopic) 피지선 중 일부인 모낭과는 관계없는 포다이스 반점(Fordyce Spots)이 존재한다.

참고

- 포다이스 반점은 작은 사마귀나 초기 단계의 헤르페스처럼 보인다. 무해하고, 통증이 없으며, 전염성이 없고 매우 흔한 질병으로 인구 중 약 85%가 살면서 겪게 된다.

(2) 홍순연(Vermilion Zone)

입술의 바깥쪽인 피부와 안쪽의 점막층 사이 이행 부위로 붉은색을 띤다.

① 피부와 구강 점막 사이의 경계로 아주 얇은 각질화된 중층편평상피(Keratinized Stratified Squamous Epithelium)로 상피의 특징이 피부나 구강 점막과는 다르다. 침샘이나 땀샘은 없으며 혀로부터 나온 침을 통해 수분이 유지된다.

② 상피가 얇고 상피에는 엘라이딘(Elaidin)이라고 불리는 투명한 성분을 가지고 있다. 또한, 결합조직 내 신경과 모세혈관이 잘 발달되어 있으며, 유두층 표면 근처에 풍부하게 잘 발달된 모세혈관이 분포됨으로써 적혈구의 색이 드러나기 때문에 붉게 보인다.

(3) 안쪽 점액면(Mucous Surface)

① 입술의 안쪽면인 구강면은 표면이 촉촉하며, 두껍고 비각화된 중층편평상피(Nonkeratinized Stratified Squamous Cell)로 덮여 있다.

② 고유판(Lamina Proper)에는 작고 둥근 장점액선(Seromucous Gland)이 있다. 이 분비선들은 구강 전반에 걸쳐 발견되는 작은 침샘(Minor Salivary Gland)의 일부분이다. 고유판의 바로 아래에 있는 점막하층(Submucosa)은 입둘레근의 근섬유와 연결되어 있다.

③ 입술 피부(홍순, Vermilion)는 얇으나 진피가 두껍고 피하지방과 털, 분비샘이 없다.

④ 멜라닌세포가 없어 모세혈관의 붉은 빛이 선명하게 보인다.

⑤ 입술 바깥쪽은 얼굴과 같은 피부로 털, 지방샘, 땀샘 등이 분포하고, 입안 쪽은 점막으로 덮여 있으며 입술샘(구순선)이 있다.

2) 고객과 반영구화장사의 유의 사항

(1) 입술 작업 전 고객 고지 사항

① 작업 전후 약 3일 정도 과다한 스트레스나 과로를 했다면 작업 후 2일 이후에 입술에 수포가 생길 수 있다.

② 작업 후 1주일 동안 강한 세안제는 피하고 세안 후 각질이 부풀지 않도록 바로 물기를 제거하여야 한다.

③ 작업 후 2일간 입술이 많이 부을 수 있다.

④ 작업 부위가 가끔 가려울 수 있으나 손대지 않아야 한다.

⑤ 작업으로 형성된 각질을 인위적으로 제거하지 않는다.

⑥ 입술 화장, 사우나, 수영 등 땀을 흘리는 과격한 운동은 1주일 이후부터 가능하다.

⑦ 작업 직후에는 색상이 진하나 각질이 탈각되면서 약 60% 이상 없어졌다가 약 6주 정도에 색상이 완전히 발색된다.

⑧ 입술에 따라 착색이 잘 안 되거나 각질 탈각 후 색소가 남지 않을 수 있다.

⑨ 작업 후 5일간 술이나 담배, 뜨겁거나 매운 자극적인 음식이 입술에 수포를 생기게 할 수 있다.

⑩ 음식 섭취 후 입술의 위생을 위해 소독된 젖은 솜이나 티슈를 이용해 가볍게 눌러 닦아 준다.

⑪ 작업 후 입술의 신진대사로 인해 평소보다 입술이 많이 건조할 수 있다.

⑫ 입술이 건조하지 않도록 제공한 제품을 5일 동안 아침, 저녁 소독된 면봉으로 발라 준다.

⑬ 2차 작업은 약 6주 이후 가능하다.

(2) 입술 작업 전 반영구화장사의 유의 사항

가. 작업 전

① 고객의 건강 상태 및 컨디션을 파악한다.

② 작업 전 위생을 철저히 해야 한다.

③ 작업 후 관리 부주의나 불규칙한 일상생활, 과로 등으로 입술의 수포가 생길 수 있어 작업 전후 3일간 고객의 스케줄 확인이 필요하다.

④ 통증 완화제가 입으로 들어가지 않도록 각별히 주의한다.

⑤ 작업 후 주의 사항과 관리 소홀 등으로 발생될 수 있는 사항을 공지한다.

⑥ 헤르페스(Herpes) 발생 경험이 있는지 확인한 후 작업 전에 의료 전문가와 상담 후 아시크로바, 조비락스 200~400mg 등을 처방받도록 권장한다.

⑦ 입술은 세로 주름이 있어 작업 시 텐션을 많이 주어야 작업도 쉽고 골고루 착색이 된다.

⑧ 작업 시 입술 안쪽 점액면은 자극이 가지 않도록 주의한다.

⑨ 입술 피부 조직의 특성상 작업 1주일 내에 각질 탈각 후 색상이 60% 이상 소멸되어 약 4주쯤 서서히 발색이 되며 6주 이후 색상이 완전히 발색됨을 공지한다.

나. 작업 후

① 입술 주변에 묻은 색소 등을 지울 때 진정 및 소염이 되는 제품을 이용한다.

② 작업 후 순환을 위해 입 운동을 권장한다.

③ 입술이 건조하지 않도록 재생 크림을 충분히 발라 준다.

④ 5일 동안 짜고 매운 자극적인 음식 섭취를 피하도록 한다.

⑤ 각질을 떼어내면 감염으로 인해 수포의 원인이 될 수 있음을 주지시킨다.

⑥ 작업 1주일 내에 각질 탈각 후 색상이 옅어지거나 없고 4주쯤 서서히 발색이 되며 6주 후 완전히 발색됨을 공지한다.

⑦ 입술 2회차 작업은 피부 재생과 발색이 완연한 약 2개월 이후에 하는 것이 좋다.

3) 입술에 사용되는 색상

입술 색상은 차가운 색(Cool Tone)과 따뜻한 색(Warm Tone)으로 나누어져 있어 입술색과 피부톤에 따라 색상을 선택해서 단독으로 사용하거나 두 가지 색상을 배합해서 사용한다.

색상 Colors	명칭 Name	베이스 Base	톤 Tone	적용 Application
	코랄 Coral C/R	Orange	따뜻한 색 Warm Tone	입술, 유두
				어둡고 탁한 입술
				노란 피부
	번트 오렌지 Burnt Orange B/O	Orange Red	따뜻한 색 Warm Tone	입술, 유두
				창백한 입술
				흰 피부, 노란 피부
	내추럴 Natural	Pink	차가운 색 Cool Tone	입술, 유륜, 유두
				검은 피부. 붉은 피부

<table>
<tr><td rowspan="3"></td><td rowspan="3">레드
Red</td><td rowspan="3">Red</td><td rowspan="3">따뜻한 색
Warm Tone</td><td>입술, 유두</td></tr>
<tr><td>창백한 입술</td></tr>
<tr><td>흰 피부, 노란 피부</td></tr>
<tr><td rowspan="3"></td><td rowspan="3">꼬냑
Cognac</td><td rowspan="3">Dark
Red</td><td rowspan="3">차가운 색
Cool Tone</td><td>입술, 유륜, 유두</td></tr>
<tr><td>창백한 입술, 입술 라인</td></tr>
<tr><td>붉은 피부</td></tr>
</table>

[그림 15-9] 입술 색상과 적용

4) 피부색에 어울리는 입술 색상

[표 15-2] 피부색에 어울리는 입술 색상 선택법

피부색	어울리는 입술 색	효 과
흰 피부	핑크 계열, 밝은 퍼플 계열, 레드 계열의 선명한 색상	차가운 인상을 줄 수 있어 밝은 계열의 색상을 선택하는 것이 좋다.
검은 피부	신선한 느낌의 파스텔 계열 색상	레드 계열의 색상이나 너무 진한 색상은 얼굴이 더 어두워 보일 수 있다.
핑크 피부	와인 계열이나 퍼플 계열의 색상	피부색이 화사하여 입술색은 약간 어두운 색이 차분한 분위기를 준다.
노란 피부	레드 오렌지 계열, 레드 계열의 색상	창백하게 보일 수 있으므로 레드 계열의 색상으로 생기를 부여하면 좋다.
붉은 피부	붉은 브라운 계열의 색상	붉은색을 띠는 입술은 얼굴이 더 붉어 보일 수 있어 브라운 계열이 좋다.

5) 입술 색에 맞는 색상

입술의 피부는 다른 부위의 피부보다 각질이 적어 투명하고 모세혈관과 신경이 밀집되어 있어 적은 자극에도 통증을 느낄 수 있다.

입술 색은 피부의 두께와 입술을 지나가는 혈관의 양에 따라 다르다. 또한, 헤모글로빈과 호르몬의 영향을 받아 입술이 자주색이나 갈색빛을 띨 수 있다.

이런 이유로 각각의 입술 색이 다르기 때문에 입술 색에 맞는 색소 선택에 신중해야 한다.

[표 15-3] 입술 색에 맞는 색상

입술색	어울리는 색상	베이스	적 용
창백한 입술	핑크, 레드 계열	Pink/ Red	다양한 색의 발색이 잘된다. 피부색에 중점을 두는 것이 좋다.
붉은 입술	핑크, 레드 계열	Pink/ Red	
옅은 분홍빛 입술	핑크, 레드 계열	Pink/ Red	
검거나 얼룩진 입술	오렌지 계열	Orange	검거나 얼룩진 부위에 작업
자주색 입술	오렌지 계열	Orange	입술 전체 작업

6) 입술색 중화 색상

입술도 피부처럼 다양한 색을 가지고 있으며 어두운 입술색은 1회 작업으로 붉은색이나 핑크색으로 바꾸기 어렵다.

먼저 입술색을 중화한 후에 원하는 색으로 작업한다.

어둡거나 탁한 입술의 색을 바꾸고자 할 때 주로 사용하는 색상은 다음과 같다.

[표 15-4] 입술 중화 색상

반영구화장 색상	베이스	적용
오렌지(Orange)	Orange	검거나 자주색을 띠고 탁한 입술에 사용
코랄(Coral)	Orange	
Burnt Orange	Orange/Red	어두운 입술에 사용

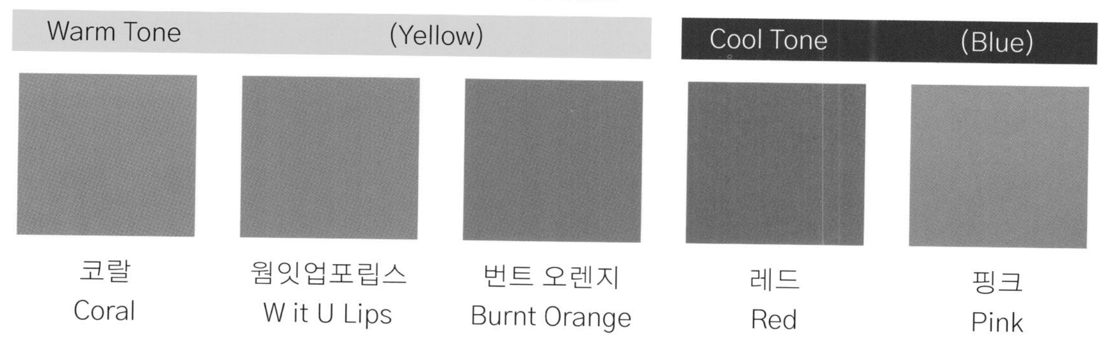

[그림 15-10] 입술 중화 색상

7) 입술 작업 순서

① 입술 화장을 지운 후 세안을 한다.

② 입술의 각질을 제거하고 건조한 입술은 유연하게 한 후 작업해야 색소 착색이 용이하다.

③ 입술과 주변을 소독 솜으로 닦아 낸다.

④ 통증 완화제가 입안에 들어가지 않도록 입술 안쪽에 젖은 소독솜을 넣는다.

⑤ 통증 완화제가 피부에 닿는 것을 방지하기 위해 입술 주변에 바세린을 발라 준다.

⑥ 통증 완화제를 면봉으로 문지르듯이 바른 후 랩으로 덮고 약 20분 정도 기다린다.

⑦ 고객에게 어울리는 색상를 준비한다.

⑧ 젖은 소독솜을 이용하여 통증 완화제를 닦아 내고 입안 소독솜을 제거한다.

⑨ 고객의 얼굴형과 어울리는 균형이 맞는 입술을 디자인한다.

⑩ 색소가 입안에 들어가는 것을 방지하고 입술의 탄력감을 주기 위해 입술 안쪽에 소독 솜을 넣는다.

⑪ 일회용 라텍스 장갑을 착용하고 멸균되어 있는 바늘을 개봉하여 기계에 부착한다.

⑫ 부착 후 소독 스프레이나 소독솜을 이용하여 장갑과 기계를 소독한다.

⑬ 엄지와 검지를 이용하여 텐션을 주면서 작업한다.

⑭ 윗입술산부터 시작하는 것이 양쪽 균형을 맞추기 쉽다.

⑮ 1차 터치가 끝난 후 2차 젤 형태의 통증 완화제를 바르고 반대쪽을 시작한다.

⑯ 윗입술이 끝나면 아랫입술에 통증 완화제를 닦아 낸다.

⑰ 2차 통증 완화제를 소독솜으로 닦아낸 후 비어 있는 부분을 채워 준다.

⑱ 작업이 끝나면 소염, 진정 솜을 충분히 적신 후 얹혀 놓는다.

⑲ 작업 주변을 진정 및 보습 효과가 있는 자극이 없는 전문 제품으로 닦아 준다.

⑳ 입안에 솜을 안전하게 제거한다.

㉑ 소독, 진정, 보습 효과가 있는 전용 크림 또는 젤을 발라 준다.

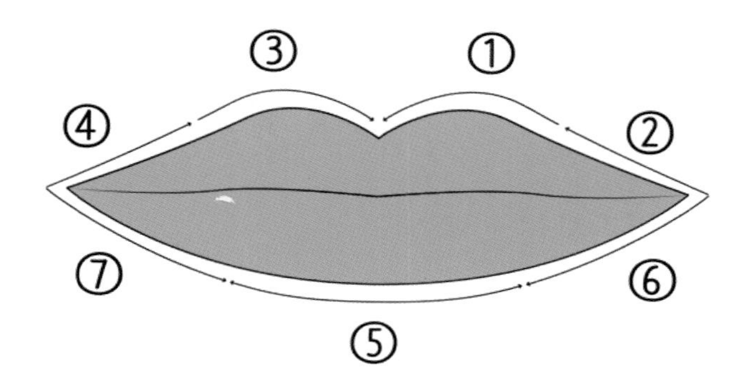

[그림 15-11] 입술 라인 작업 순서와 방향

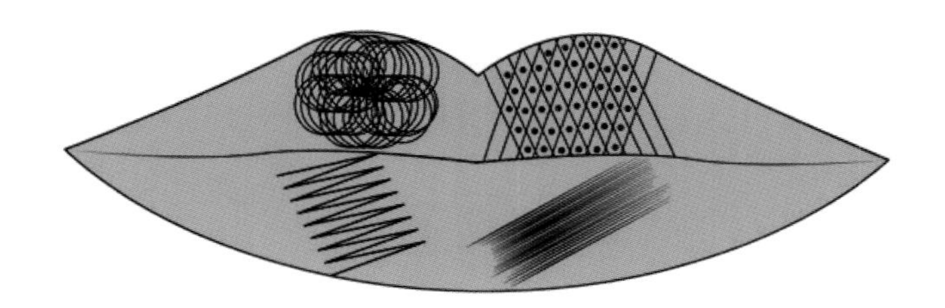

[그림 15-12] 입술 작업에 사용되는 기법

1. 통증 완화제가 입안에 들어가지 않도록 입술 안쪽에 젖은 소독솜을 넣는다.

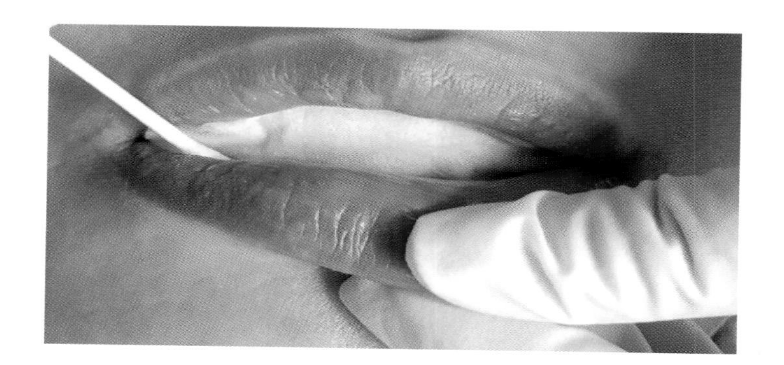

2. 입술 주변은 바셀린을 바르고 크림 형태의 통증 완화제를 면봉으로 문지르듯이 바른다.

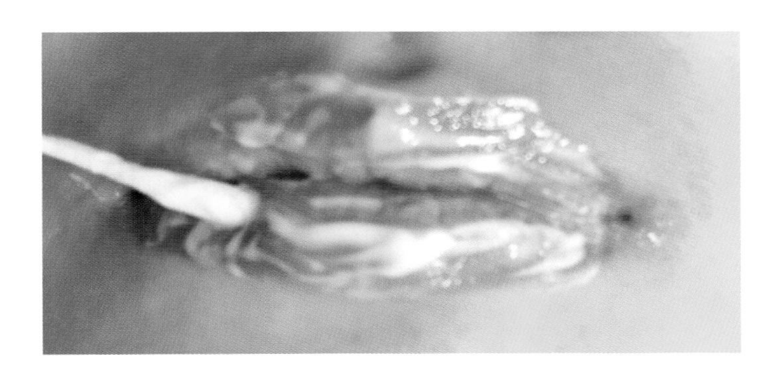

3. 고객이 답답하지 않도록 랩은 윗입술과 아랫입술을 분리하여 덮고 약 20분 이상 기다린 후 젖은 소독솜을 이용하여 닦는다.

4. 고객의 얼굴형에 어울리는 균형에 맞는 입술을 디자인한다.

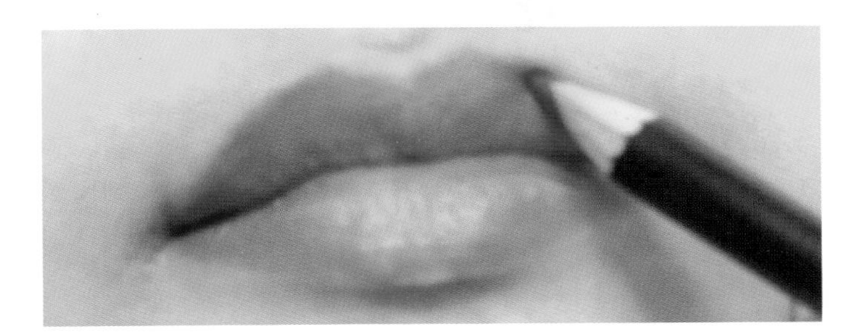

5. 색소가 입안에 들어가는 것을 방지하고 입술의 탄력감을 주기 위해 입술 안쪽에 소독솜을 넣고 윗입술산부터 시작하는 것이 양쪽 균형을 맞추기 쉽다.

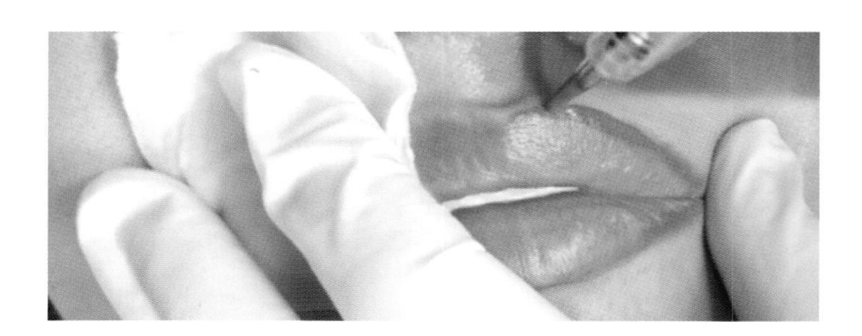

6. 2차 통증 완화제 도포 후 착색이 안 된 부위나 부족한 부위를 작업한다.

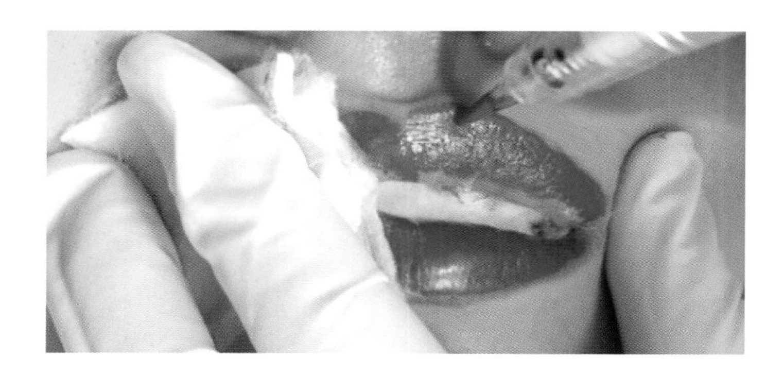

7. 작업 후 입술 주변은 자극이 없는 전문 크림을 이용하여 닦아 준다.

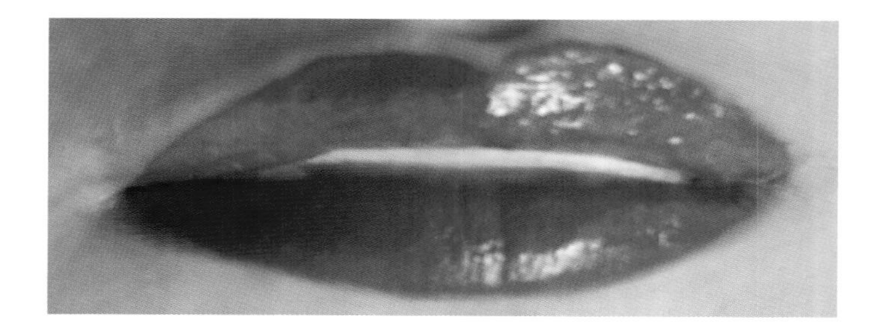

작업 직후

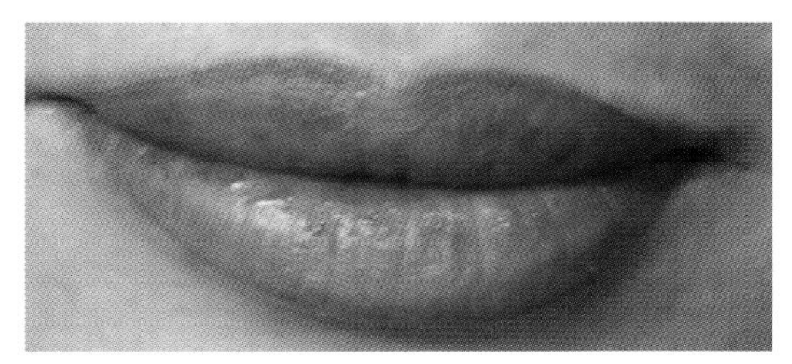

작업 후 3일

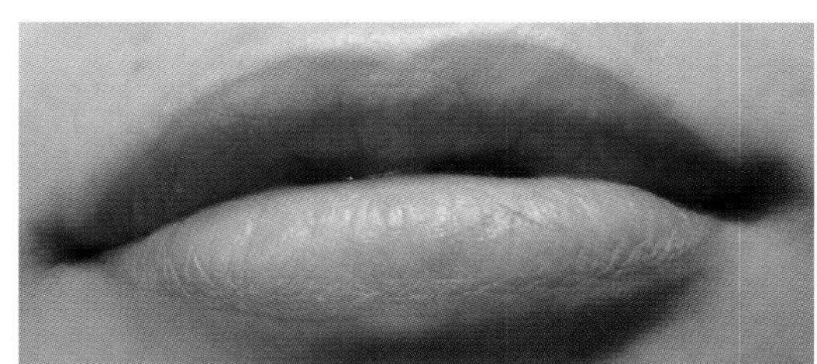

작업 후 4일

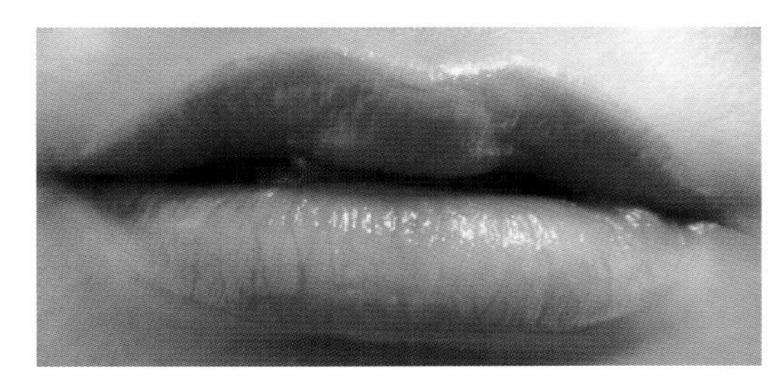

작업 후 7일

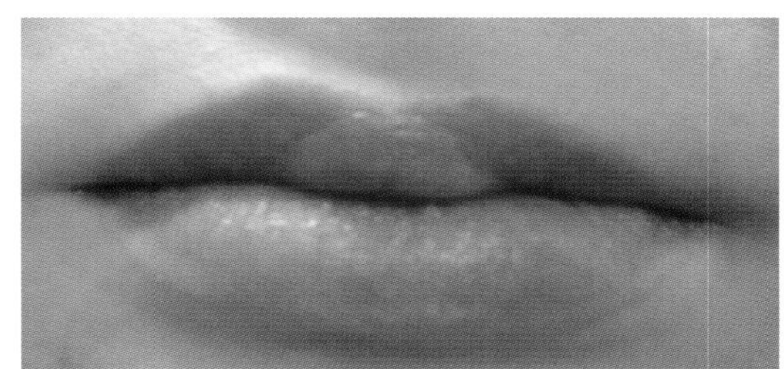

• 어둡고 얇은 입술

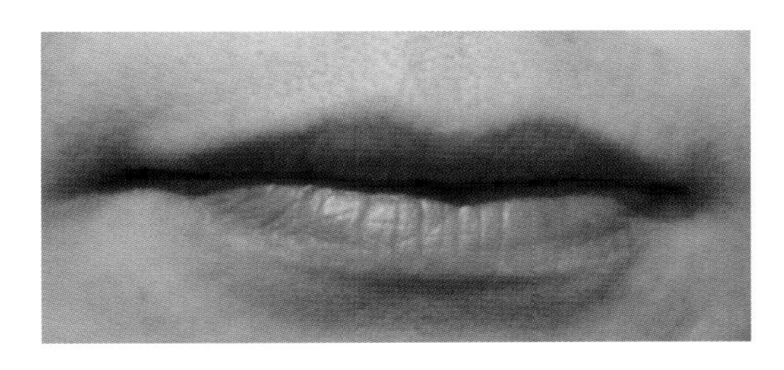

• 어두운 입술

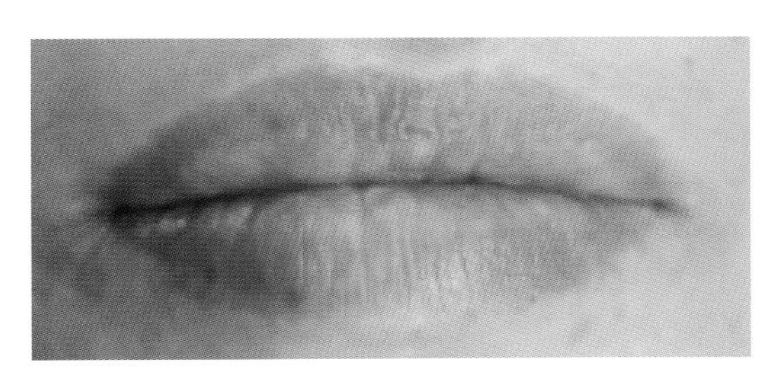

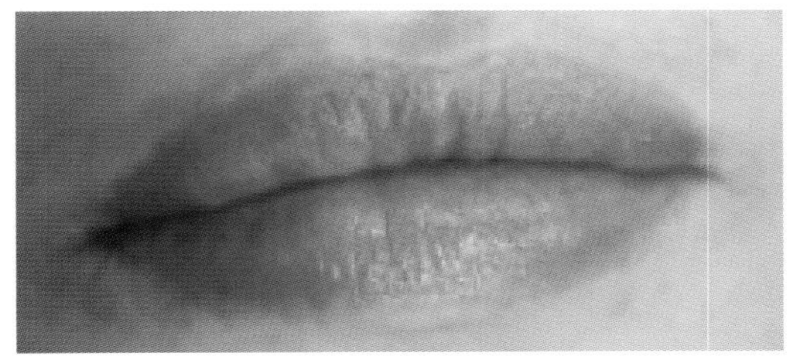

• 얇은 입술

작업 전

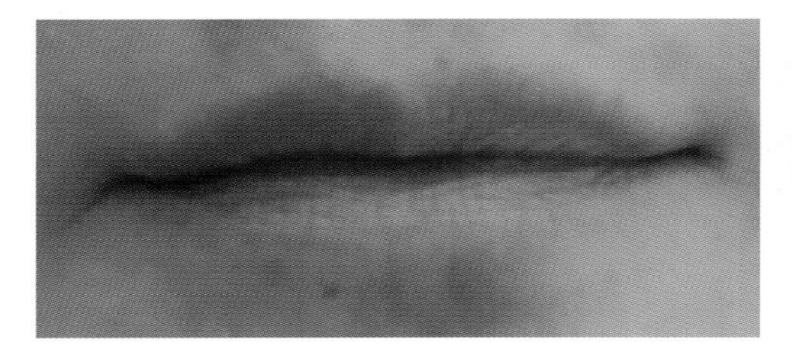

작업 직후

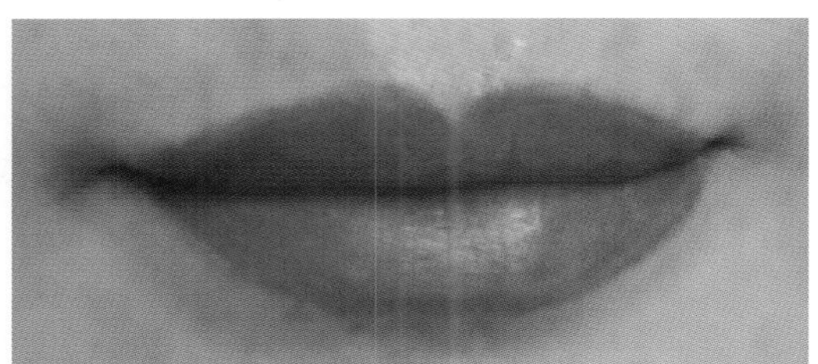

작업 3개월 후

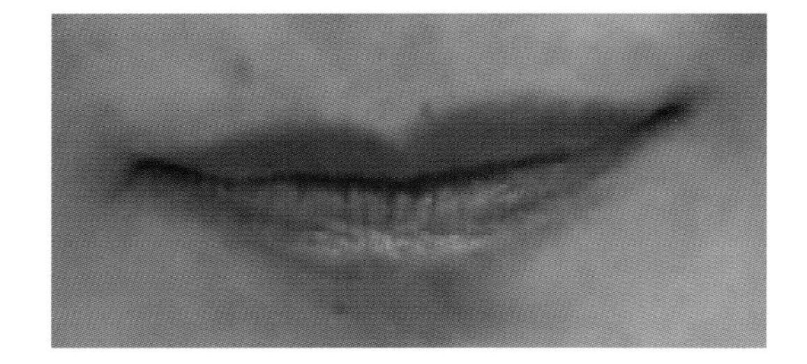

• 윗입술이 두껍고 얼룩진 입술

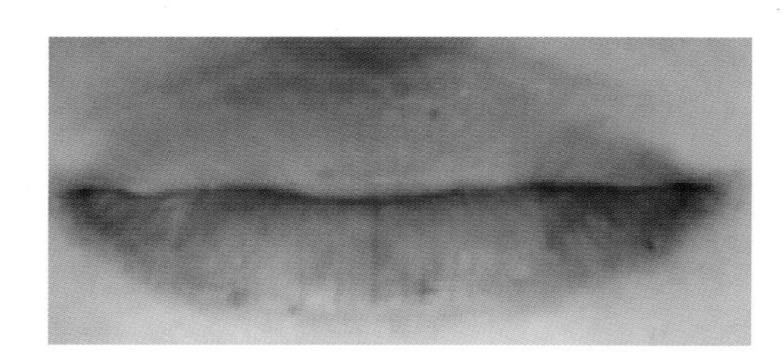

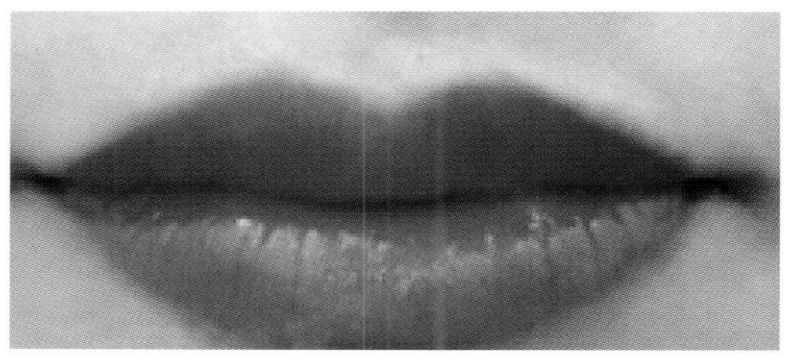

Chapter 16

반영구화장 작업으로 발생할 수 있는 문제

1. 알레르기

① 통증 완화제

반드시 안전이 검증된 반영구화장 전용 제품을 사용하여야 하며 검증된 통증 완화제라도 알레르기 등 다양한 반응을 일으킬 수 있다.

홍반, 두드러기, 부종 등의 약한 증상에서 통증 완화제의 성분이나 건강 상태에 따라 전신적 반응성 홍반, 부종, 기관지 수축, 저혈압 등의 심한 증상까지 나타날 수 있다.

② 색소

안료 외에 여러 가지 물질들이 혼합되어 안전검사를 받았더라도 성분 중 체질에 따라 알레르기 반응을 일으킬 수 있다.

③ 바늘

바늘에 금속 알레르기를 일으킬 수 있다.

2. 피부 트러블

① 알코올

과다한 피지 제거로 피부의 보호막이 손상되어 작업 이후에 사용하는 제품에 트러블을 일으킬 수 있다.

② 재생 크림

크림의 성분이 맞지 않을 경우 트러블을 일으킬 수 있다.

참고

색소 제거는 반드시 전문 의료인의 상담과 작업이 필요하다.

- 색소 제거: 표피층에 착색된 색소는 피부에 탈각화가 재생되면서 없어지지만, 잘못된 작업으로 진피층 깊은 곳에 착색된 색소는 성분에 따라 소량은 대식세포에 의해 없어지고 색소의 일부는 남을 수 있다.

  이때 색소 제거 레이저는 뭉쳐 있는 색소를 퍼트려 옅게 만들어 육안으로 보이지 않은 효과와 일부를 소멸시킨다.

3. 감염

① **혈행성 감염**(Bloodborne Pathoren)

혈액이나 체액이 점막 또는 손상된 피부에 노출 시 질병이 발생하는 것을 말한다.

- 감염 경로: 반영구화장, 문신, 피어싱, 주삿바늘 공유등
- 혈행성 감염으로 발생할 수 있는 질환: B형간염, C형간염, 에이즈(AIDS)
- 감염 예방
  - 일회용 용품: 바늘, 장갑, 색소컵, 면봉, 솜 등은 멸균소독되어 있는 제품 사용과 사용 후 폐기물로 적절하게 분류하여 안전하게 처분하여야 한다.
  - 재사용 용품: 기기 및 작업 시 사용되는 용품 등은 일회용 커버를 씌워서 사용 또는 멸균 소독하여 사용한다.

참고

안전을 위해 상담과 작업 시 반드시 마스크와 글러브를 착용하여 바늘에 찔리지 않도록 주의가 필요하다.

Chapter 17

반영구화장 수정

색상이 이미지에 어울리지 않거나 변색되었을 때 또는 디자인을 약간 변경하고 싶을 때 할 수 있는 반영구화장으로 반영구화장사의 정확한 관찰과 판단이 중요하다.

1. 변색과 탈색

탈색과 변색을 구분하여야 한다.

반영구화장의 색상은 색과 색을 혼합하여 다양한 색상이 만들어져 언제든지 변색이 될 수 있다.

영구화장을 하고 시간이 지나면서 푸른색(Blue) 계열의 색을 띠는 눈썹이 많았는데 반영구화장이 유행하면서 빨간색(Red) 계열의 색을 띠는 눈썹을 많이 접하게 되었다.

1) 영구화장

기법도 다르지만 눈썹 색상을 검정(Black)에 가까운 회색(Gray)을 많이 사용하였기 때문에 시간이 지나면서 푸른색 계열의 색이 남게 된 것이다.

이는 피부 속에서 화학적인 반응과 여러 가지 원인들이 있지만 검정에 가까운 회색을 만들 때 파란색(Blue)의 비율이 다른 색의 비율보다 더 많기 때문이다.

2) 반영구화장

갈색(Brown) 계열의 눈썹 색상을 선호하면서 붉은색 계열의 색이 남는다.

화학적인 반응과 여러 원인들이 있지만 갈색 계열의 색을 만들 때 빨간색 계열의 비율이 다른 색의 비율보다 더 많기 때문이다.

(1) 탈색

원색에 가까울수록 변색보다는 탈색이 많이 생긴다. 탈색은 여러 원인으로 처음 작업했던 색상이 점점 옅어지는 것을 말한다.

① 과다한 태양 빛에 노출되었을 때 색소가 옅어진다.

② 마사지, 미백과 필링 효과가 있는 화장품을 자주 사용하면 과각질을 빠르게 탈각시켜 색소가 옅어진다.

③ 인체의 신진대사로 기저층의 세포 분열로 각질이 탈각되면서 색소가 옅어진다.

(2) 변색

원색보다는 혼합색이나 각각 배합되는 안료들의 분자량에 따라 작업 후 시간이 지나면서 처음 작업했던 색상이 아닌 다른 색상을 띠는 것을 말한다.

① 1차 변색: 작업 시 과다한 피부 자극

반복적인 물리적 자극으로 피부 표피층 및 진피층이 과도하게 손상을 입었을 때 피부 재생이 진행되면서 각질이 탈각되면서 변색이 나타난다.

② 2차 변색: 색소 배합

색상의 베이스를 생각하지 않고 보이는 색상을 선택하게 되면 시간이 지날수록 변색이 나타난다.

③ 3차 변색: 일상생활

과다한 자외선, 화학성이 강한 화장품 등이 화학반응을 일으켜 많은 시간이 지나면서 변색이 나타난다.

2. 반영구화장 수정 작업 시 유의 사항

① 반영구화장 수정은 처음 작업한 것보다 만족감을 가져오기 어려워 수정할 부분을 잘 관찰하고 고객에게 충분한 설명이 필요하다.

② 반영구화장 수정은 작업자 및 고객이 지나친 욕심을 내지 않도록 충분한 설명이 필요하다.

③ 반영구화장 수정은 작업 전 반드시 피부 상태를 파악하여야 한다.

3. 반영구화장 수정 작업의 실제

변색된 눈썹이나 아이라인과 어둡거나 얼룩진 입술 색상을 바꿀 때 사용하는 색상은 한계가 있다. 붉은 계열 색이나 푸른 계열 색으로 변색된 색상을 바꾸는 작업으로 주로 사용되는 색상은 붉은 계열의 보색 또는 유사색인 그린 계열의 색상으로, 푸른 계열의 보색이나 유사색인 오렌지 계열의 색상을 선택한다.

Warm it Up For Lips
웜 잇 업 포 립스

Forest Green
포레스트 그린

[그림 17-1] 수정할 때 사용하는 색상

1) 눈썹

(1) 수정해야 할 눈썹이 가늘 때

① 눈썹이 가늘 때 먼저 넓힐(위, 아래)곳을 파악하고 한 면으로 확장하는 것이 좋다.

② 이마 쪽으로 늘려주지만 눈썹과 눈과의 간격이 넓으면 아래쪽으로 넓혀 주었을 때 만족도가 높다.

③ 변색이 없다면 처음 눈썹 색상을 찾아 작업해야 만족도가 높다.

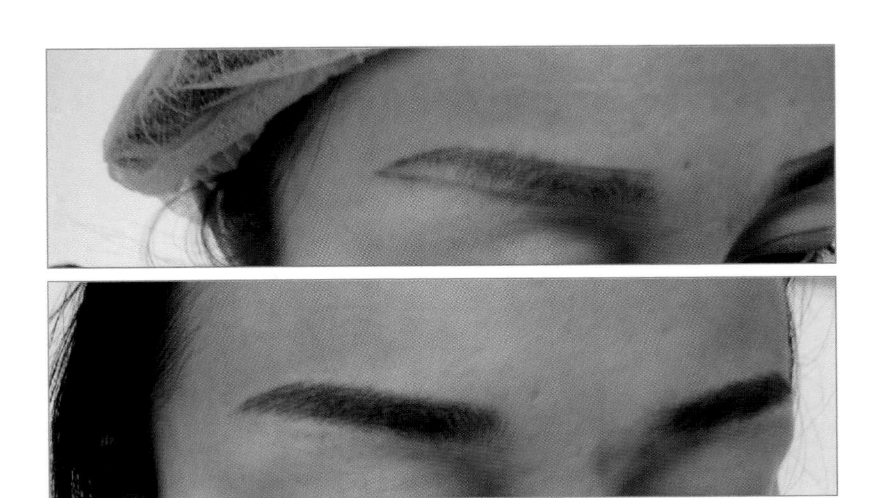

(2) 수정해야 할 눈썹이 두꺼울 때

눈썹이 가늘 때 먼저 확장할 곳(위, 아래)을 파악하고 한 면으로 넓히는 것이 좋다.

① 확장하는 것보다 축소하는 것은 더욱 세심한 관찰이 필요하고 넓은 부위를 축소하는 것은 주의를 요한다.

② 0.1~0.2mm 정도 안쪽으로 작업하면 착시 효과로 축소되어 보인다/

사례) 푸른색과 붉은색을 같이 띠면서 넓게 퍼져 있는 눈썹

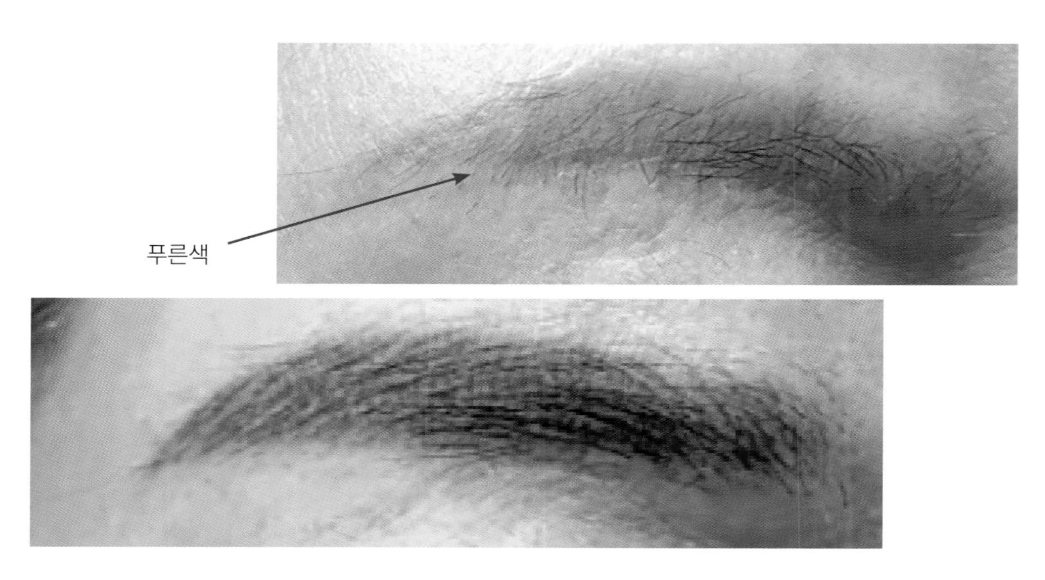

[그림 17-2] 수정할 때 사용하는 색상

(3) 수정해야 할 눈썹의 미간이 좁아 보일 때

① 눈썹꼬리 쪽에 포인트를 준다.

② 눈썹 앞머리를 옅게 그러데이션 효과를 줄 수 있도록 한다.

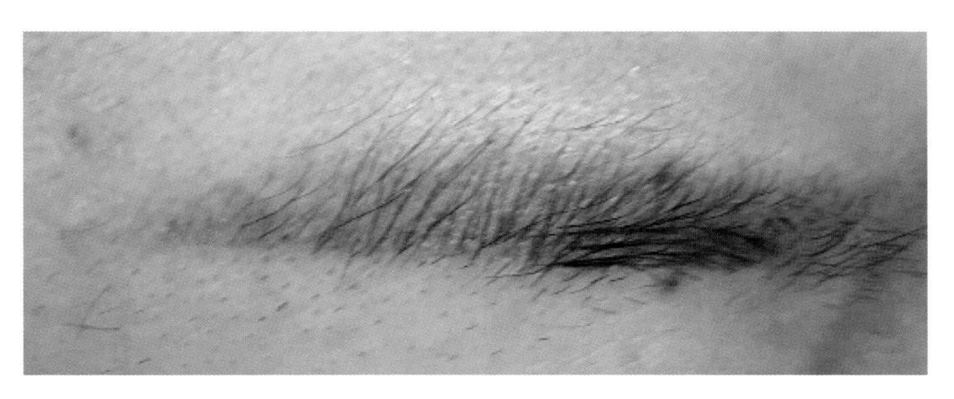

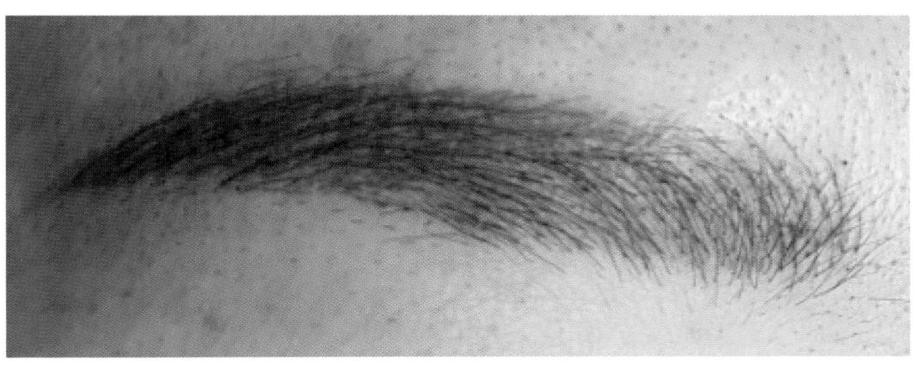

참고

눈썹머리는 제일 마지막에 작업하고 눈썹 앞머리를 짙게 하면 미간이 더 좁아 보인다.

(4) 변색된 눈썹 색을 바꿀 때

① 붉은색 계열로 변색된 눈썹을 갈색(Brown) 계열로 바꾸고자 할 때 1회차 작업은 변색 정도에 따라 보색이나 유사색을 선택한다.

변색 정도에[따라 그린(Green) 계열의 밍크(Mink) 〈 올리브(Olive) 〈 포레스트 그린(Forest Green) 색상을 사용한다.

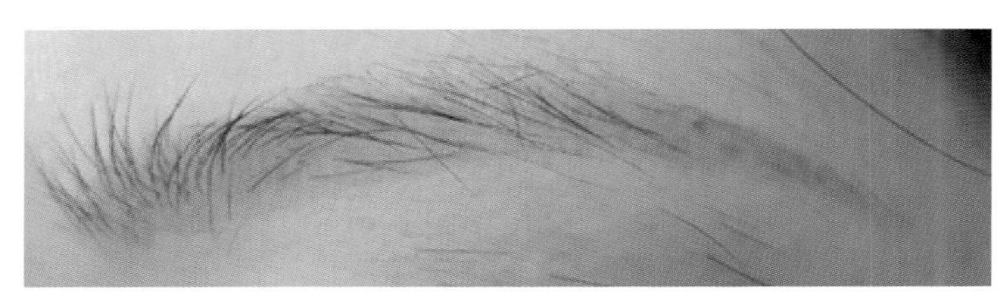

1회차 터치

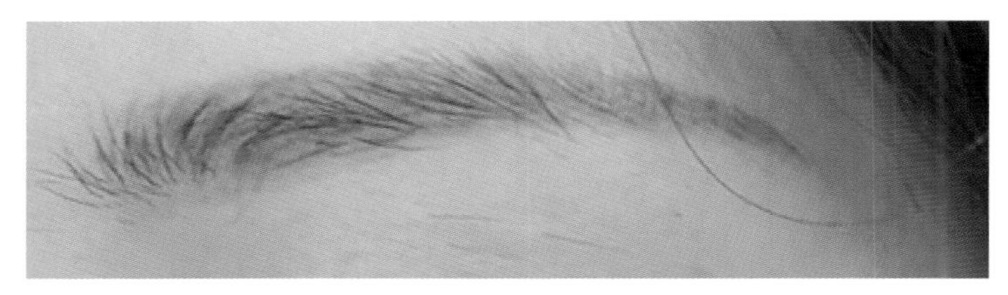

1회차 터치 4주 후

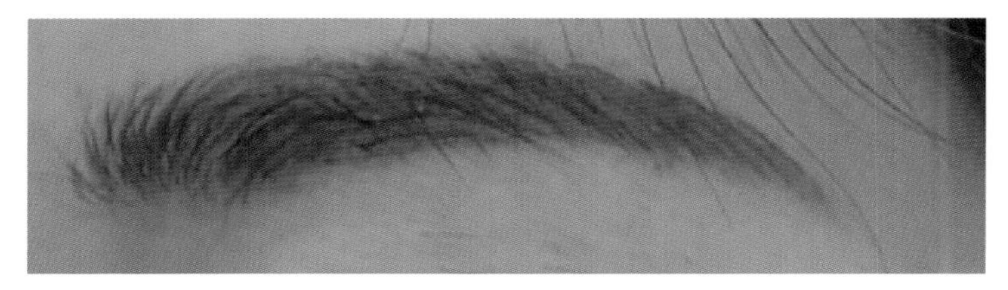

2회차 터치

② 푸른색(Blue) 계열로 변색된 눈썹을 갈색(Brown) 계열로 바꾸고자 할 때 1차 작업은 변색 정도에 따라 보색이나 유사색을 선택한다.

푸른색(Blue) 계열의 정도에 따라 보색인 레드(Red) 계열 또는 유사색인 오렌지 계열 색상 푸른색 부분만 작업하여 갈색 계열로 바꾼다.

(5) 변색된 눈썹형을 바꿀 때

① 1차 작업은 푸른색(Blue) 계열의 정도에 따라 보색의 유사색인 오렌지(Orange, Warm it Up For Lips, Warm it Up For Brows) 계열로 푸른색 부분만 작업하여 갈색 계열로 바꾼다.

② 2차 작업은 1차 작업으로 변한 색을 찾아 1차 작업 부분과 맞물려 넓혀진 부분에 작업한다.

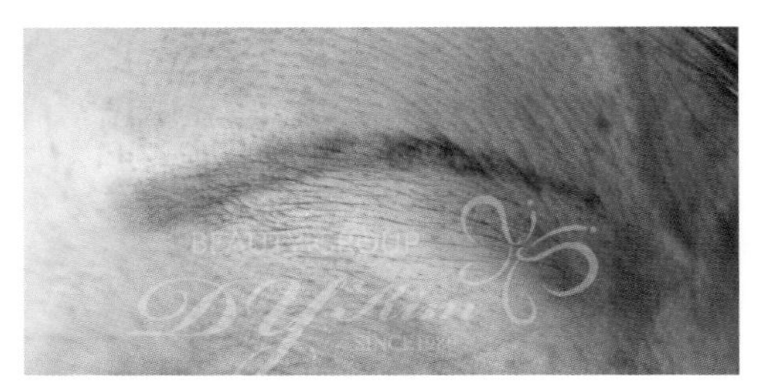

참고

- 변색된 색상의 강도에 따라 색소 0.1~0.2: 솔루션 0.8~0.9 비율로 하는 것이 좋다.
- 수정 색의 농도가 너무 진하거나 많은 터치는 자칫 수정 색이 남을 수 있어 주의를 요한다.

2) 아이라인

사례 1) 변색과 색이 퍼진 아이라인 퍼짐. 5년 전 작업

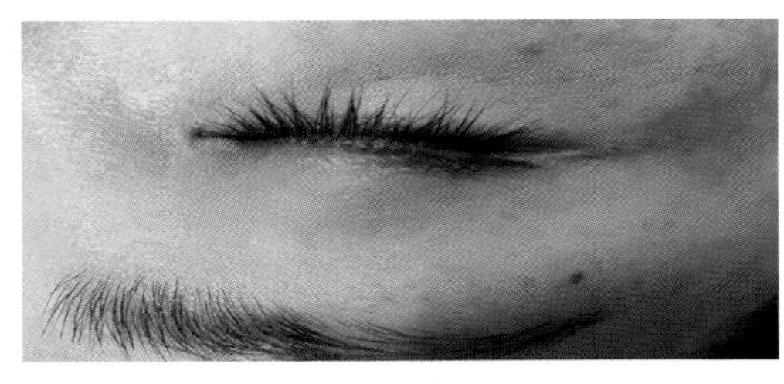

작업 전

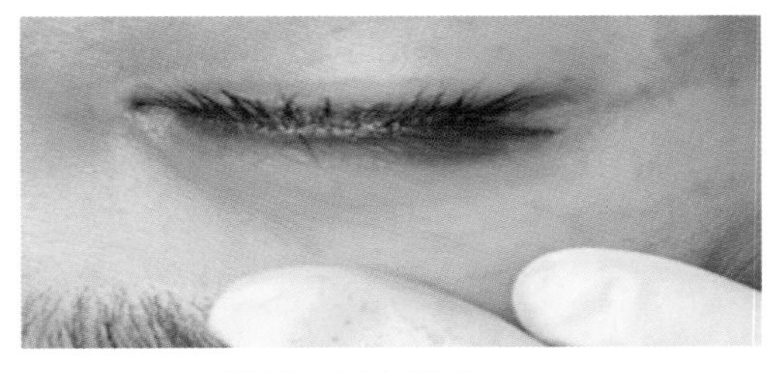

1회차 작업 직후

사례 2) 10년 전 3회 작업, 변색과 색 퍼진 아이라인

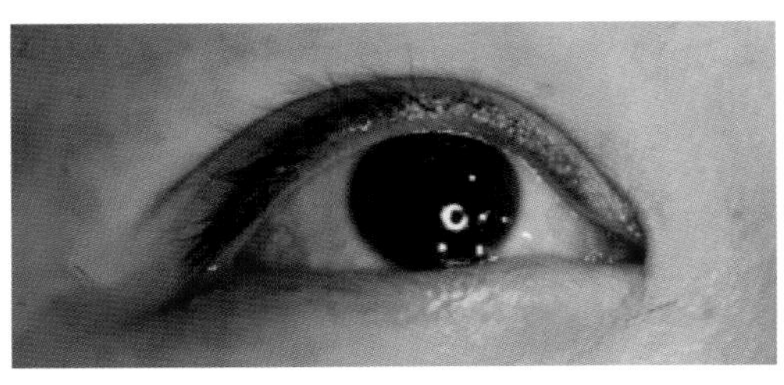

작업 전

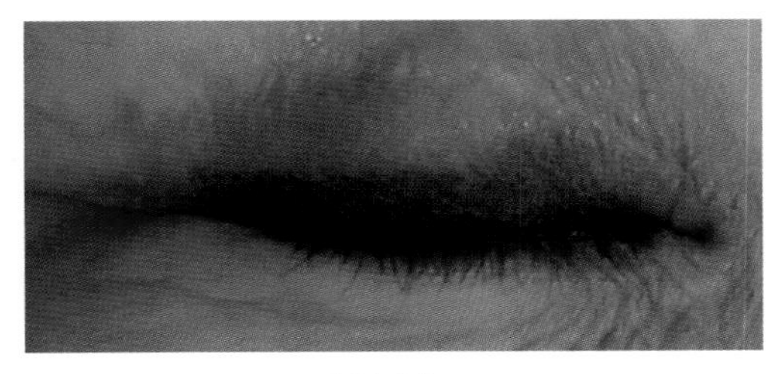

작업 전

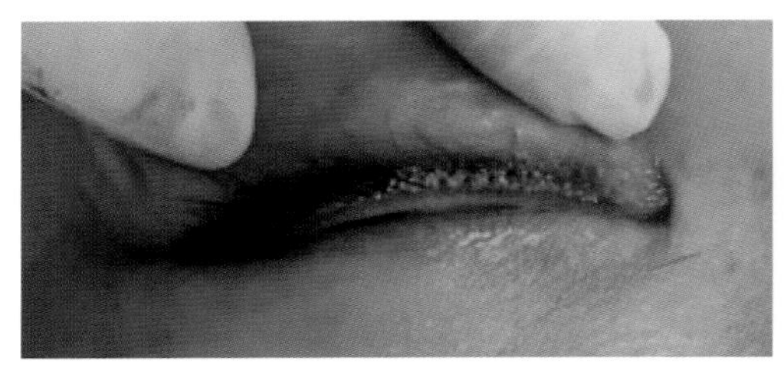

1회차 작업 직후

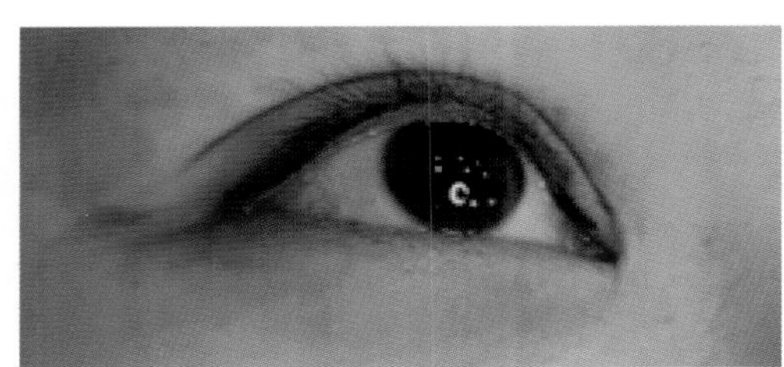

1회차 작업 6주 후

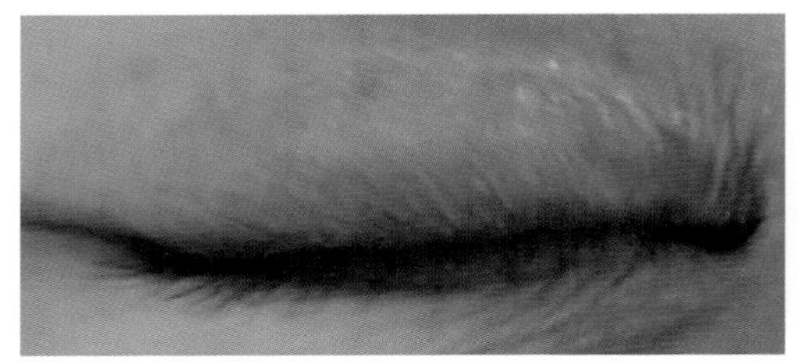

2회차 작업 4주 후

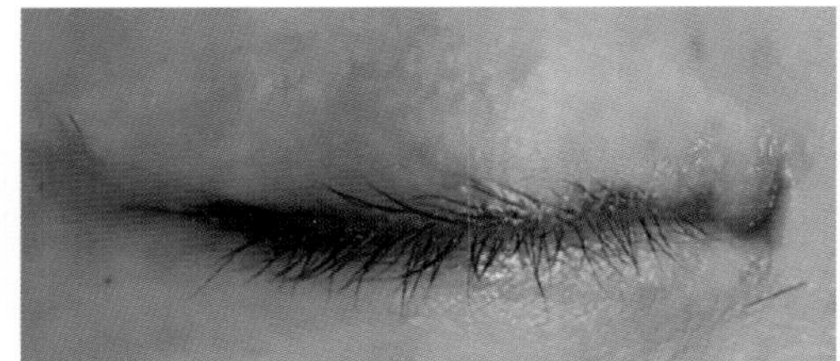

2회차 작업 6주 후

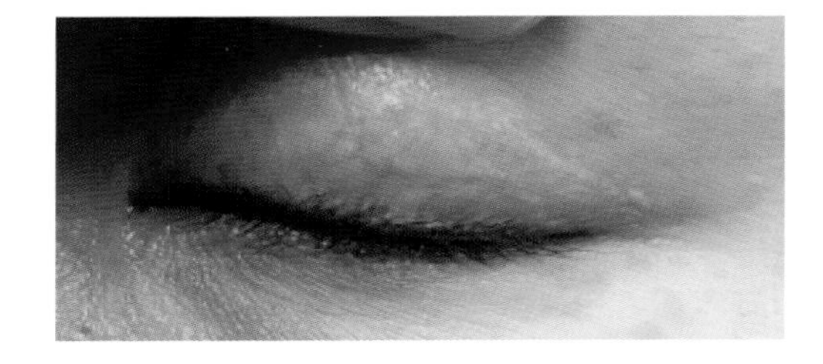

2회차 작업 4년 후

3) 입술

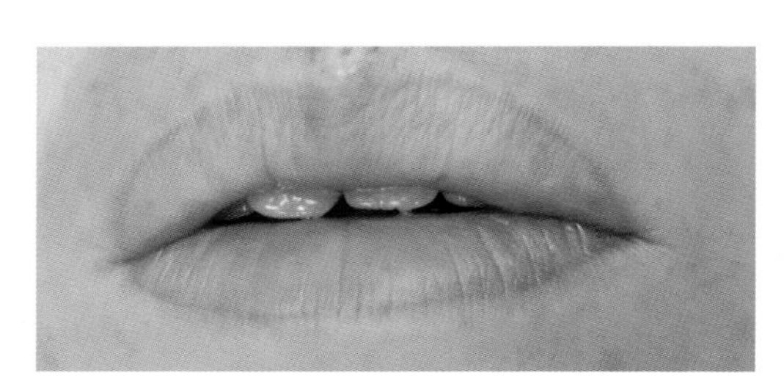

작업 전

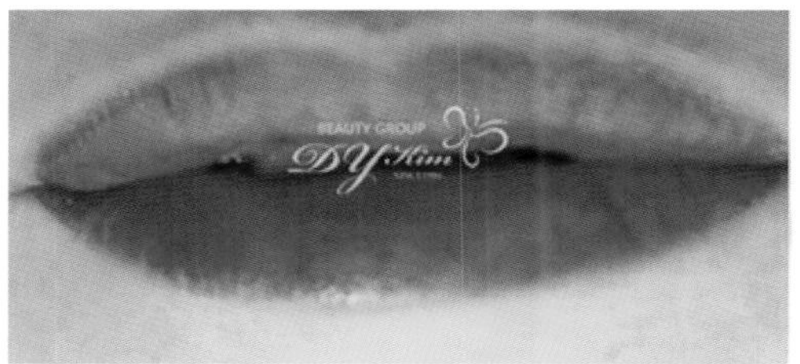

작업 직후

Chapter 18

특수 반영구화장 (Special Semi-permanent Make-Up)

1. 흉터(Scar)

흉터는 멜라닌 색소가 있는 기저층과 진피층까지 손상을 입어 표피가 매끄럽고 대체적으로 피부색보다 밝은색을 띤다.

또한, 표피층이 거의 없는 흉터에 표피층에 착색시키는 반영구화장 전문 색소로 피부에 착색시키는 것이 어려울 수 있으며 착색된 후에도 색소가 빠른 기간에 없어질 수 있다.

사례 1) 62세 10대에 다쳐서 생긴 상처

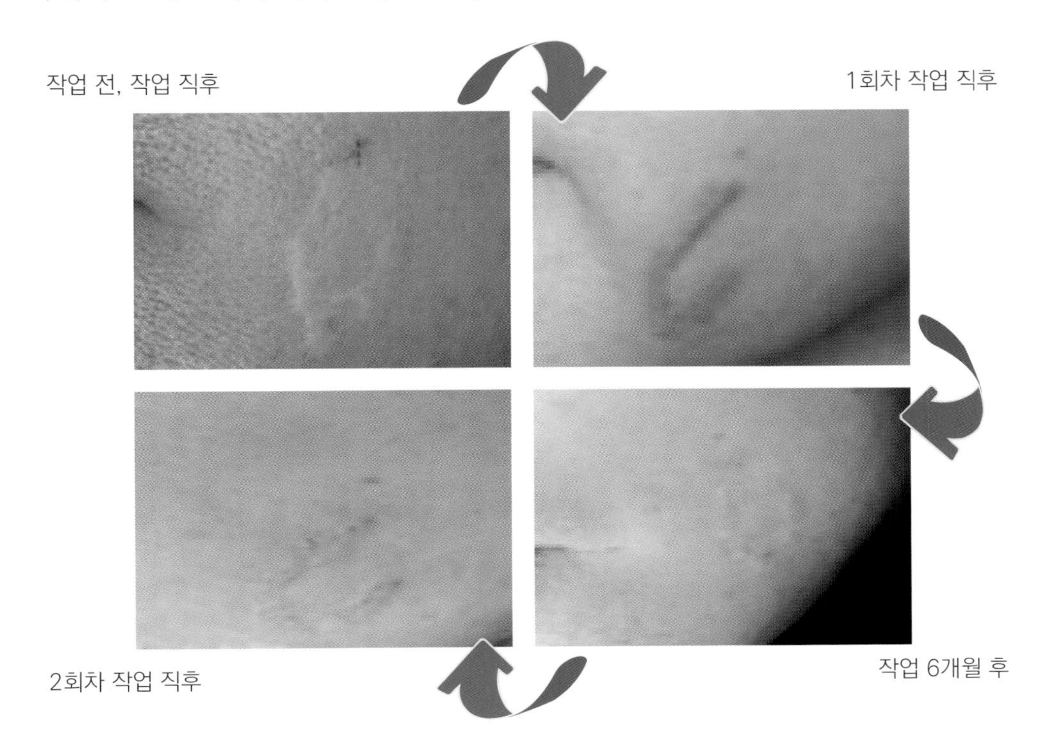

사례 2) 20대

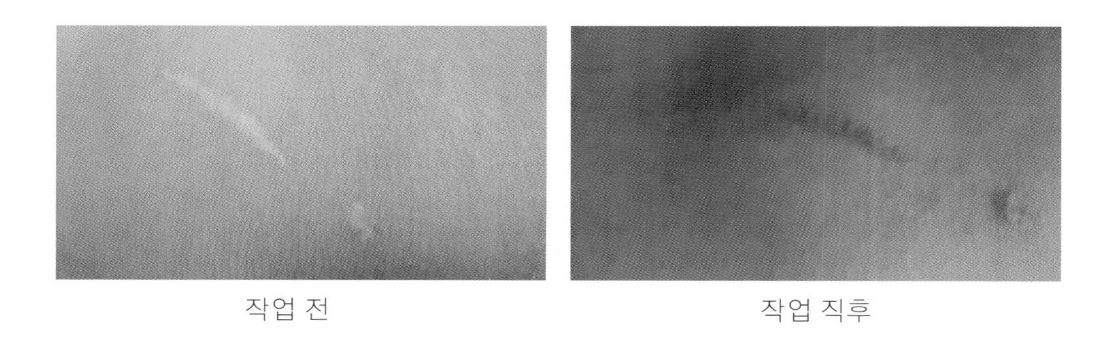

작업 전 작업 직후

사례 3) 화상 흉터

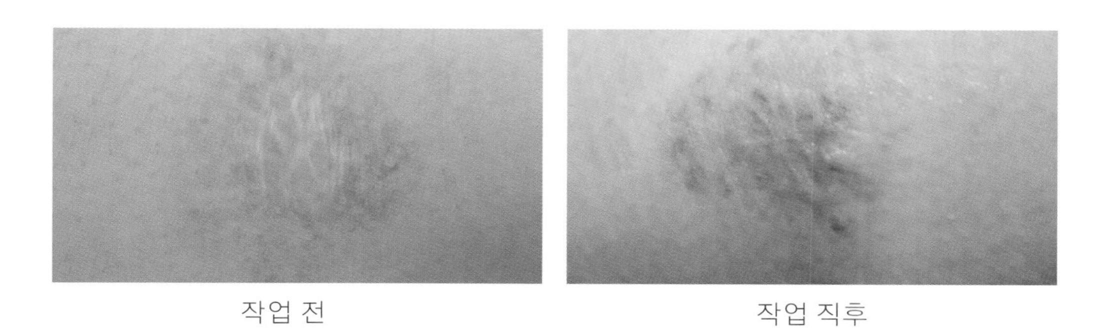

작업 전 작업 직후

2. 유륜, 유두

유방암 등 여러 원인으로 유륜과 유두가 소실되었을 때 재건하는 과정에서 반영구화장으로 유륜과 유두를 만들어 양쪽의 균형을 맞추어 주어 자신감을 부여하는 목적으로 한다.

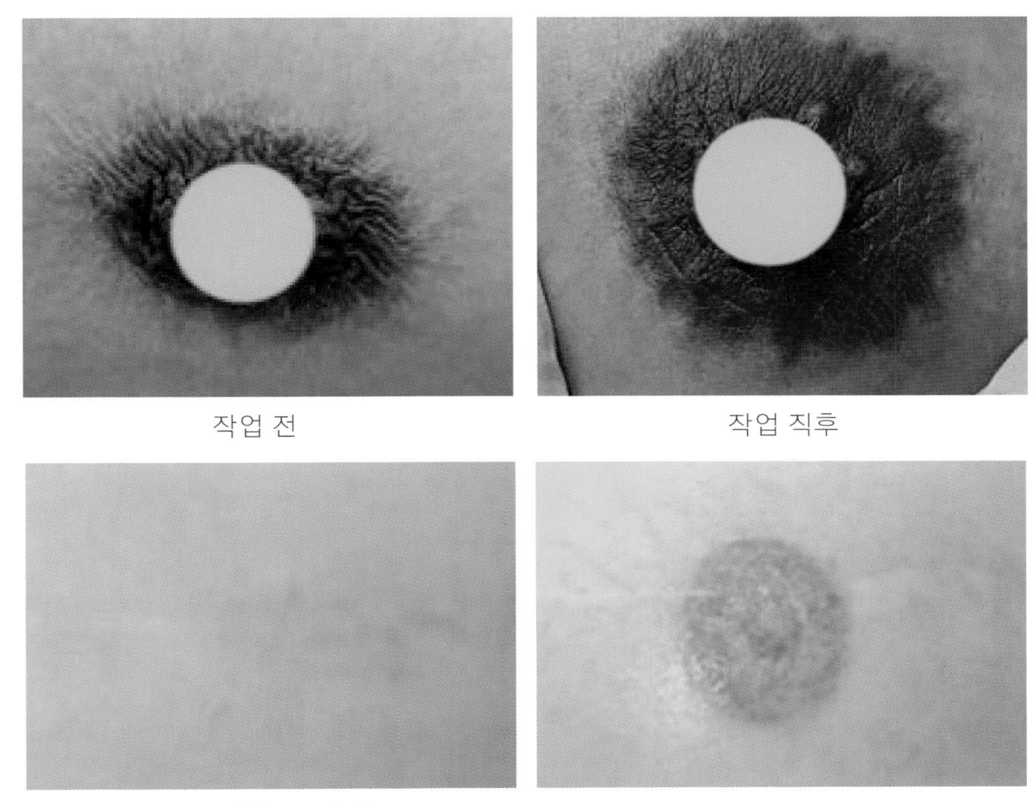

작업 전　　작업 직후

재건(출처: 미상)

3. 백반증

기저층의 색소세포의 파괴로 인하여 여러 가지 크기와 형태의 백색 반점이 피부에 나타나는 후천적 문제로 백반증은 약 30% 정도 유전적 요인과 스트레스, 외상, 일광 화상 등이 백반증 발생에 보조적으로 작용하는 원인으로 알려져 있다.

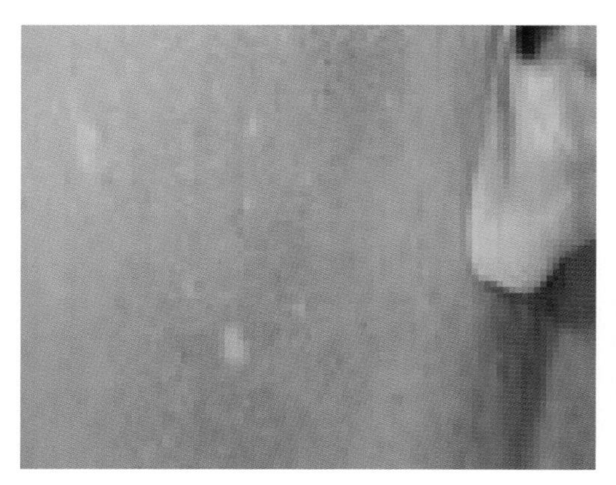
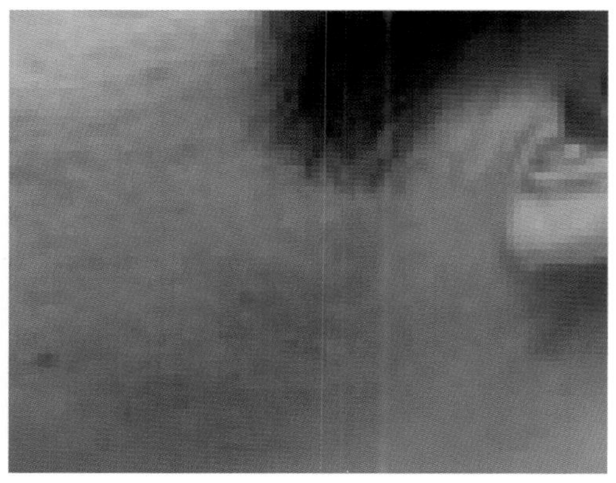

레이저로 갈색 반점 제거 후 백색 반점 발생

4. 두피

두피에 난 상처 부위나 빈모 등에 효과적이다.

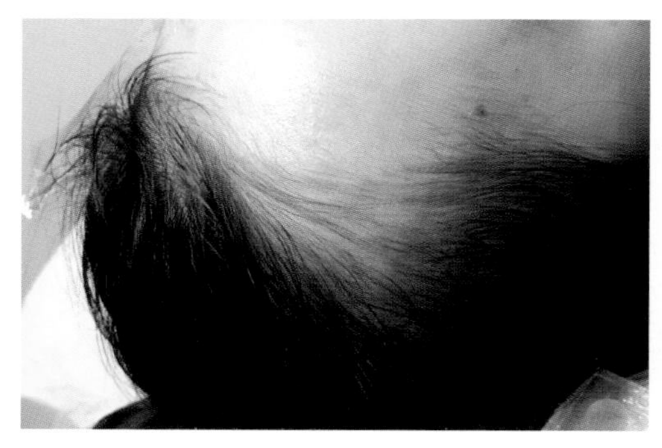
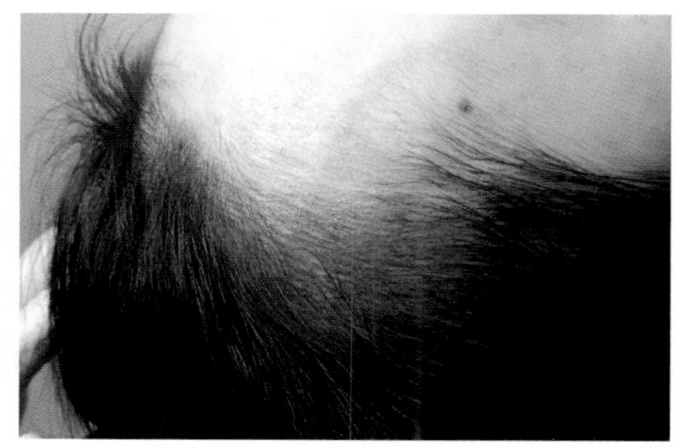

작업 전

작업 후

Chapter

19 반영구화장 작업과 수정 작업의 문제

1. 기법

손의 압력이나 기기의 속도 조절을 잘못하여 진피층까지 손상되었을 때 피가 나며 색소가 퍼질 수 있다.

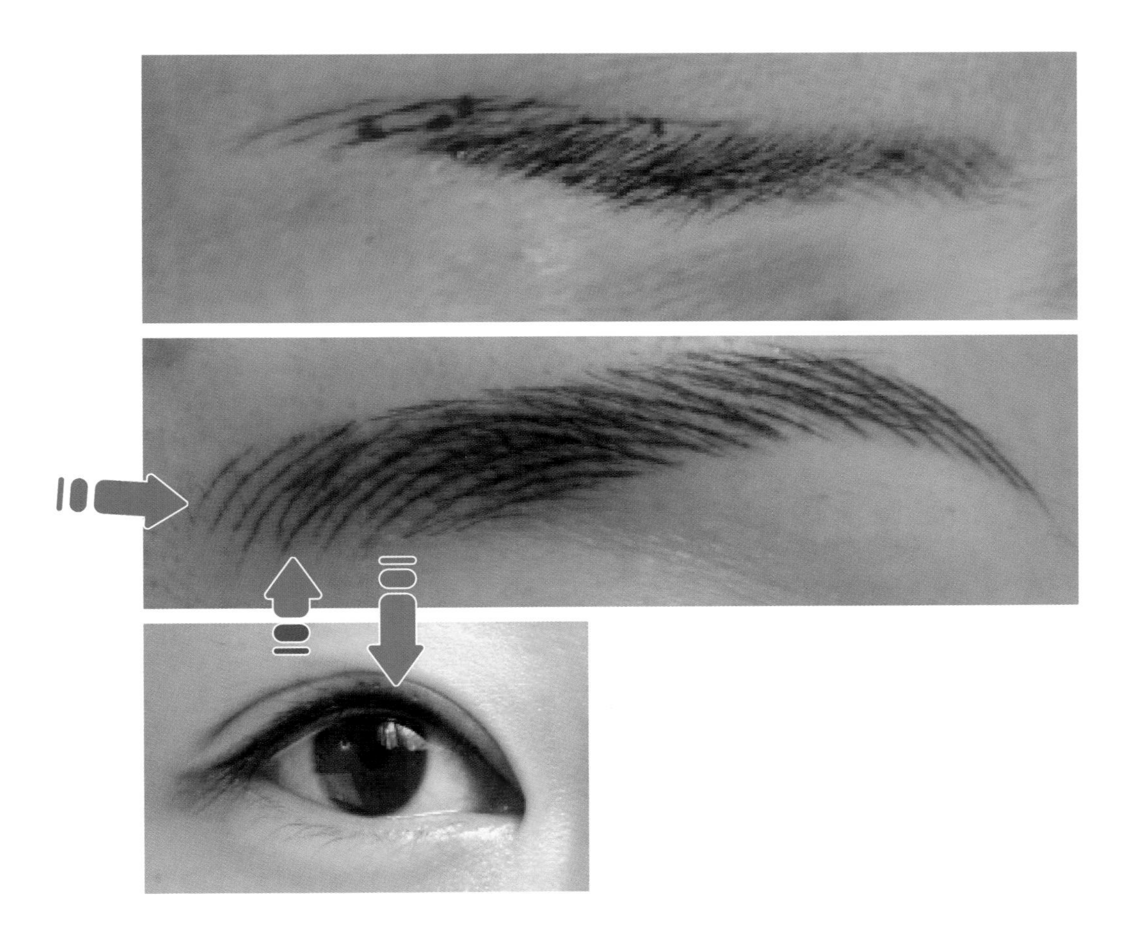

2. 색소

인증되지 않는 색소 사용은 알레르기 유발 가능성이 높다.

사례 1) 눈썹

① 작업: 4년 전

② 증상: 가렵고 각질 벗겨짐

③ 건강 상태가 안 좋을 때 주로 반복적 발생

④ 피부과 진료 후 처방된 연고와 약 복용 시 완화 후 다시 발생

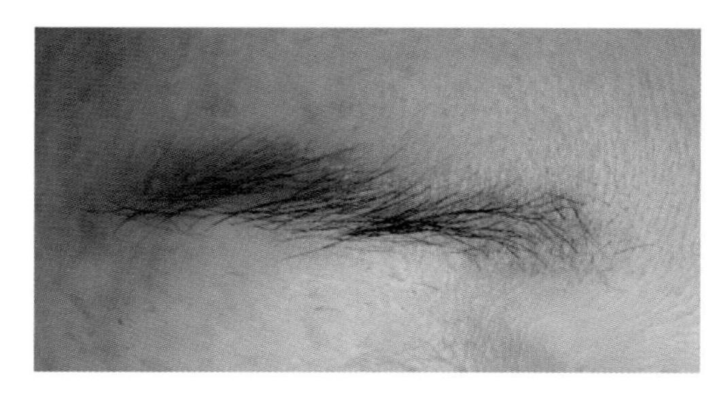
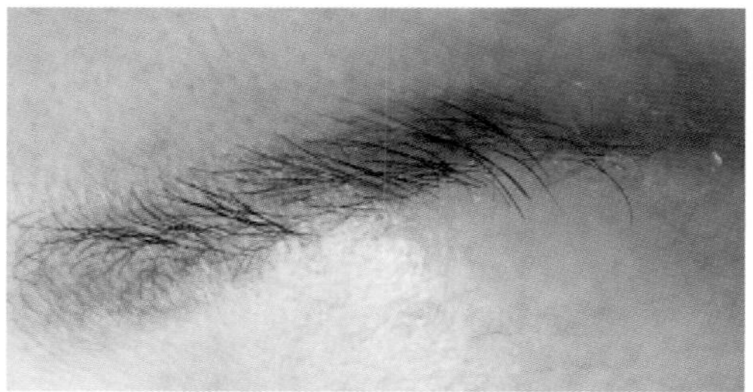

사례 2) 입술

① 작업: 5년 전

② 증상: 입술이 항상 건조하고 입술 주변에 수포가 생기며 각질이 벗겨지고 거친 상태를 항상 유지하고 있다.

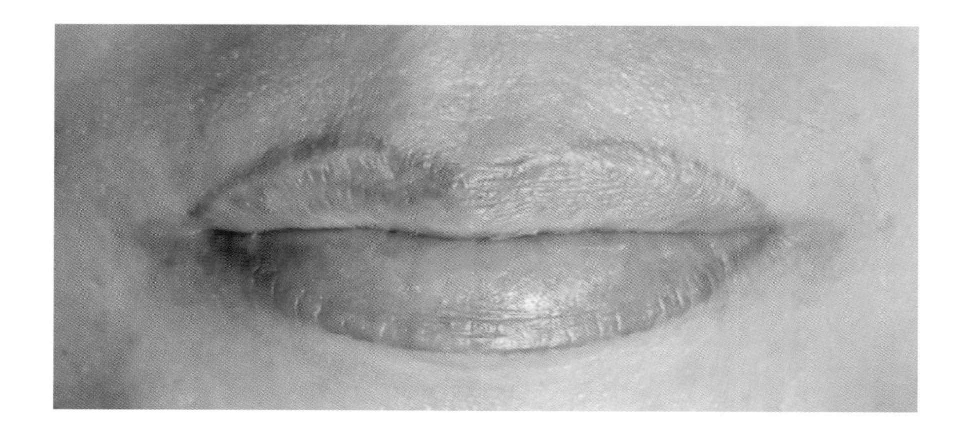

3. 색소와 기법

사례 1) 검증되지 않은 염료를 진피층까지 작업한 후 색소의 퍼짐과 변색된 눈썹

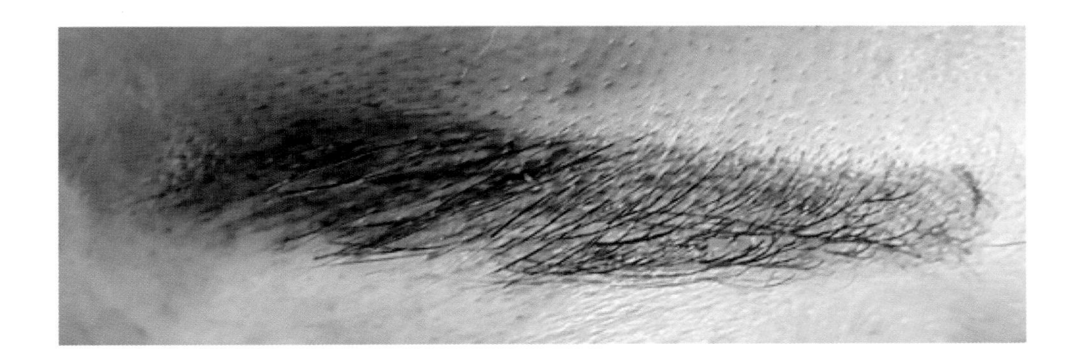

사례 2) 검증되지 않은 염료를 진피층까지 작업한 후 색소의 퍼짐과 변색된 작업 5년 이상 된 아이라인

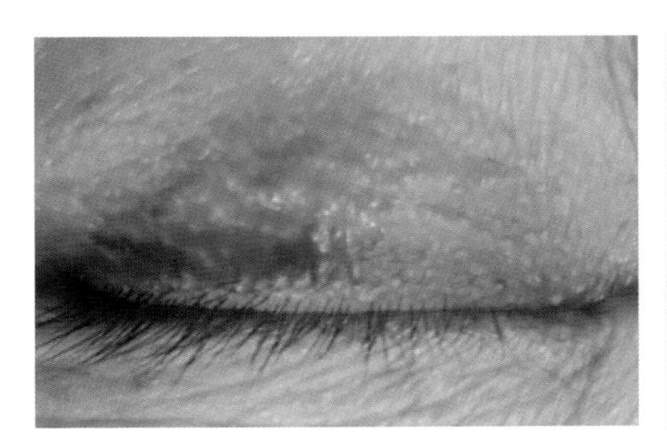

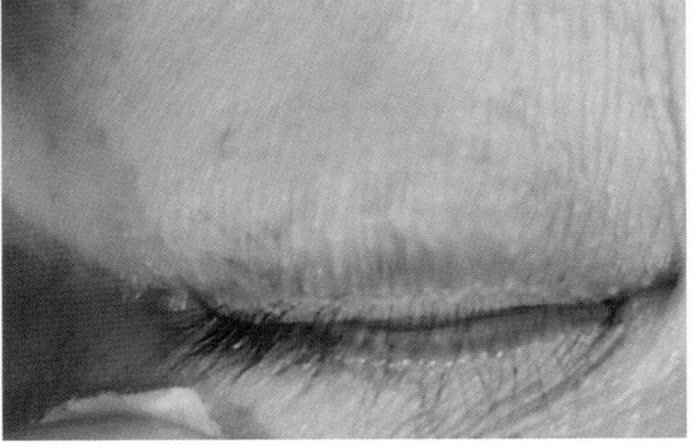

사례 3) 작업 6년 된 입술

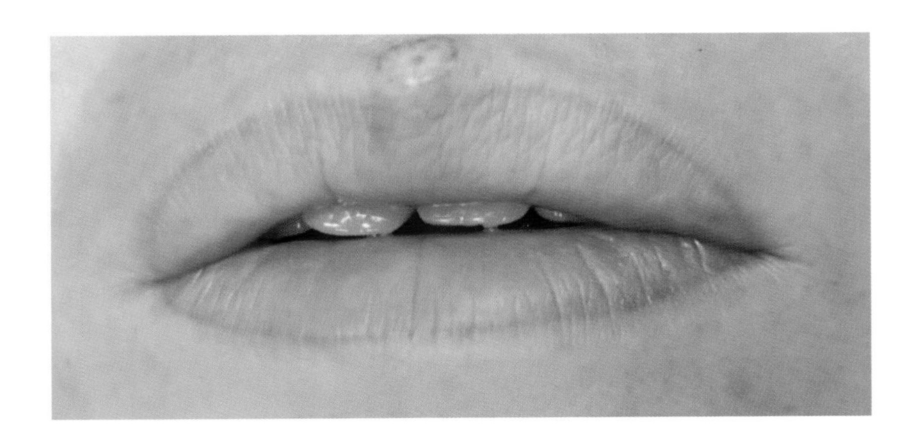

사례 4) 포인트 기법이 색소에 따라 다른 얼룩진 현상

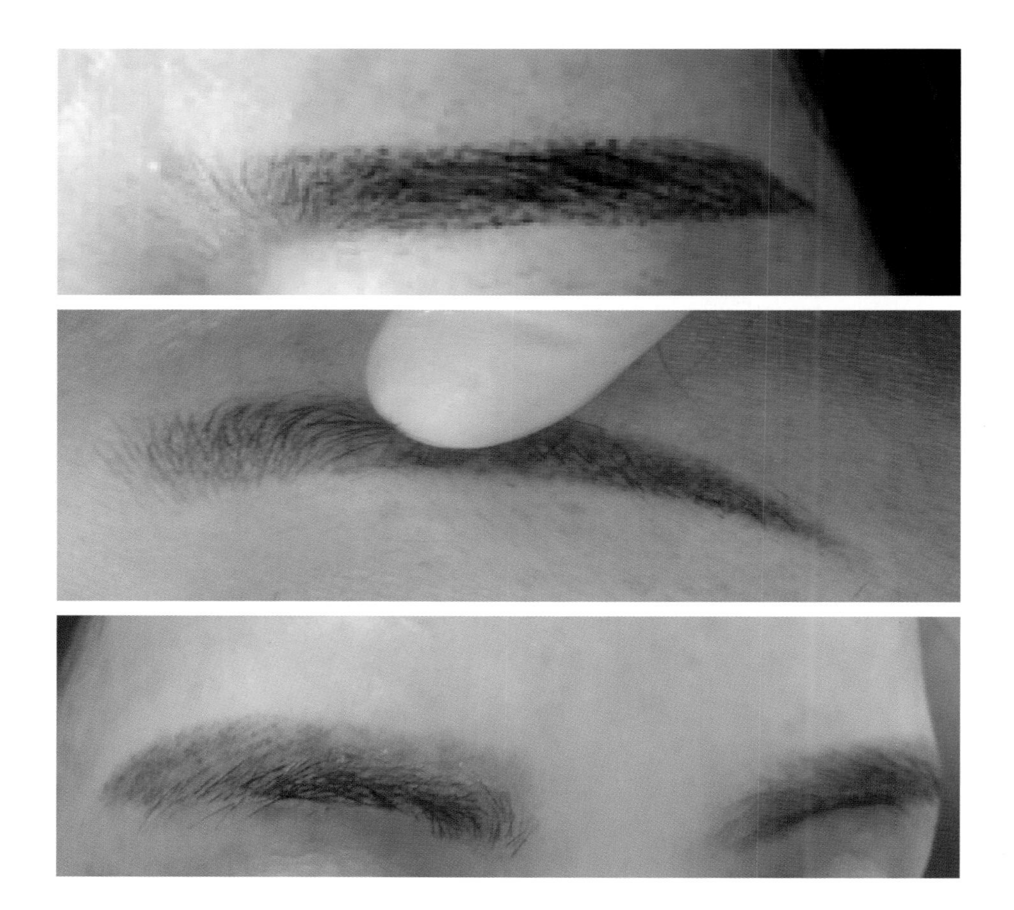

4. 작업과 수정

검증되지 않은 색소와 피부 깊숙한 터치로 진피층에 퍼진 색소를 피부색과 근접한 색상으로 작업하면(커버, Cover) 잘못된 부분이 일시적으로 색상이 바뀌지만 시간이 지나면서 커버한 색상이 변색되어 나타난다.

이는 흔히 말하는 살색(Skin Color)은 노란색과 흰색 등이 섞여 만들어져서 나타나는 현상이다.

사례 1) 아이라인 작업 후 색소가 퍼진 부분을 피부색과 비슷한 색으로 작업 후 약 3개월 이후부터 서서히 흰색으로 나타남.

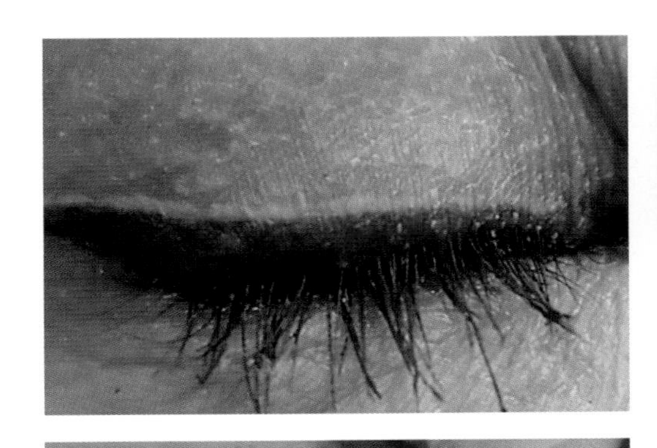

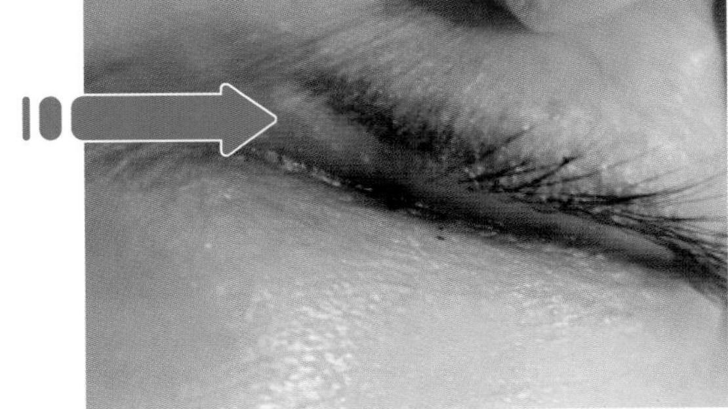

사례 2) 2013년 9월경 작업-2014년 1월 사진촬영 변색 진행 중

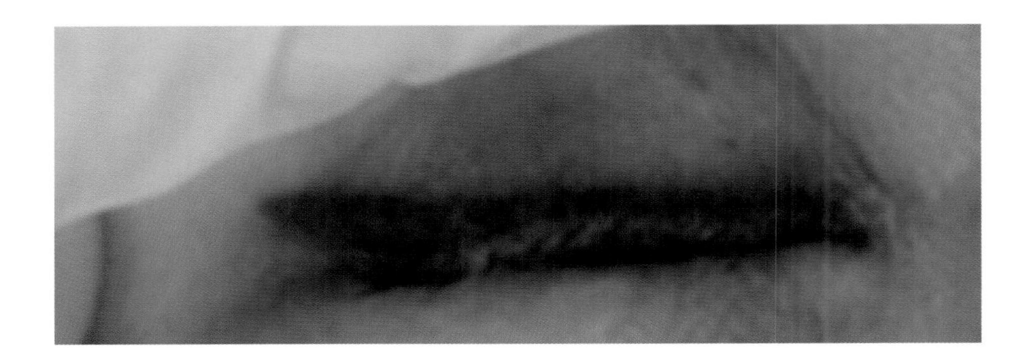

사례 3) 2017년 2월 촬영- 변색과 변색된 부위에서 악취가 난다고 함.

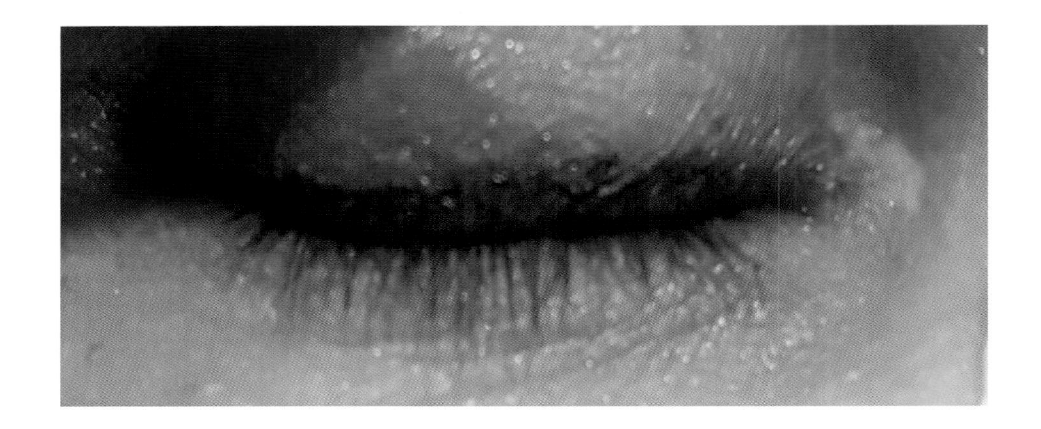

5. 통증 완화제

통증 완화제 성분이 맞지 않거나 리도카인 함유량이 너무 많을 때 발생할 수 있다.

사례 1) 입술 전용 립패치(Lip Patch) 사용 후 발생

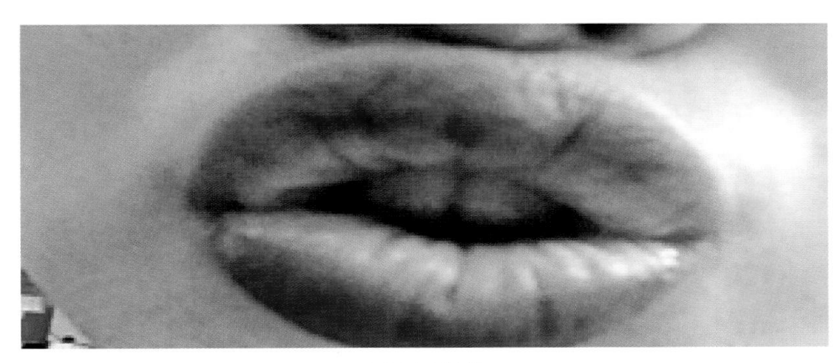

작업 당일

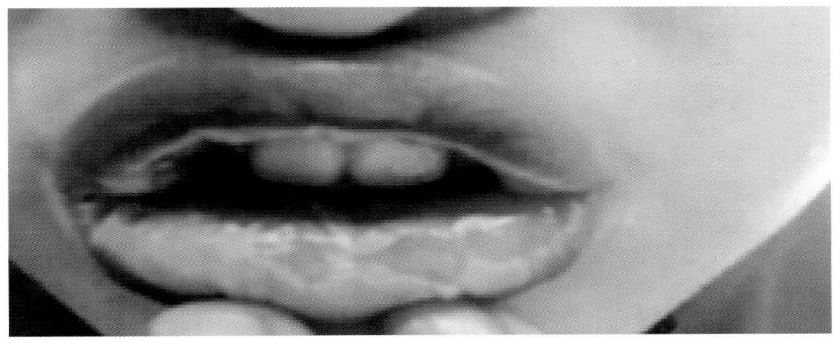

작업 2일째

Chapter

20 반영구화장 작업 중에 발생될 수 있는 문제

1. 색소 착색이 잘 안 될 때

① 기기와 바늘

전동 기계의 RPM이 일정하지 않거나 마모된 바늘을 사용했을 때

② 통증 완화제

통증 완화제 효능이 약하거나 너무 강해서 피부가 경직되었을 때

③ 피부의 유형

지성 피부나 민감 피부일 때

④ 색소

색소 성분이 천연 색소이거나 색소 조합물이 적절하지 않았을 때

⑤ 작업 속도

작업 속도가 너무 빠를 때

⑥ 건강 상태

정신적으로 긴장하거나 건강상의 문제가 있을 때

2. 피부에 나타나는 증상

① **금속에 알레르기 반응이 있는 경우**

일시적으로 작업 부위가 붉어지고 가려울 수 있다.

② **작업 후 고객이 고지 사항 참고를 소홀히 한 경우**

작업 부위의 염증이나 색소가 빨리 빠진다.

③ **색소 성분에 알레르기 반응이 있는 경우**

많은 시간이 흘러도 작업 부위가 붉고 가려울 수 있다.

3. 디자인의 부조화

① 얼굴형에 어울리는 눈썹형이라 할지라도 유행하는 눈썹과 고객이 선호하는 눈썹형이 있기 때문에 충분한 상담 후 결정해야 한다.

② 상담 중 미용 시술이나 근육의 움직임 등을 관찰하고 눈을 떴을 때 대칭이 되도록 디자인하여 작업한다.

Chapter
21 폐기물 분류와 관리

1. 폐기물 정의

일반적 개념으로는 쓰레기라고도 하지만 엄밀한 의미로 구분을 해 놓았다. '폐기물관리법' 에서의 정의와 대비해서 일반인의 통념에서 보면 버리는 것은 모두 폐기물이라고 볼 수 있다.

2. 폐기물 분류

법규로 규정한 폐기물의 종류는 크게 두 가지 있다. 폐기물 분류의 경우 기본적으로 생활 폐기물과 산업 폐기물로 나눌 수 있으며 각각 폐기물로 규정하는 기준은 없다.

생활 폐기물은 사업장 폐기물 이외의 폐기물로써 주로 가정에서 많이 발생하고 주변 환경을 오염시킬 수 있거나 혹은 인체에 해를 가할 수 있는 폐기물을 제외한 모든 폐기물을 말한다.

3. 안전한 폐기물 관리와 처리

비위험 상업 및 산업 폐기물의 관리는 이러한 폐기물의 생산자가 책임을 진다.

일반 의료 폐기물은 혈액, 체액, 분비물, 배설물이 함유되어 있는 탈지면, 붕대, 거즈, 일회용 주사기 등이 있다.

4. 반영구화장실의 폐기물 관리

반영구화장 작업 시에 인체에 직접적으로 사용되는 바늘과 탈지면 등이 있다.

안전과 환경을 위해 유효 적절한 법안이 만들어져 일반 쓰레기로 버려지지 않고 분리되어 처리되어야 마땅하다.

1. 반영구화장을 지칭하는 용어

용 어	설명
반영구화장 (Semi-permanent Make-Up)	국가별로 정서와 언어적인 차이로 표현되는 용어는 다르나 눈썹, 섀도, 아이라인, 입술, 블러셔 등 미용을 목적으로 표피층에 검증된 색소를 착색시켜 반영구적으로 유지시켜 주는 화장을 지칭함.
컨투어 메이크업(Contour Make-Up)	
아트메이크업(Art Make-Up)	
롱 타임 메이크업 (Long Time Make-Up)	
마이크로 피그먼테이션 (Micropigmentation)	
마이크로 블레이딩(Microblading) (일명: 엠보, Embroidery)	
특수 반영구화장 (Special Semi-permanent Make-Up)	빈모, 상처, 반점, 백반증, 화상 흉터, 색소 부족, 과색소 침착 등에 하는 특수 화장술을 지칭함.
미용 문신 (Beauty Art Tattoo)	미용을 목적으로 눈썹, 아이라인, 입술 등 진피층 및 피하조직까지 색소를 착색시켜 영구적으로 유지하는 것을 지칭함.
영구화장 (Permanent Make-Up)	미국에서는 반영구화장을 지칭하나 한국에서는 미용 문신과 유사한 것으로 지칭함.
문신, 타투(文身, Tattoo)	피부나 피하조직에 색소로 글씨나 그림, 무늬 등을 새기는 것을 지칭함.

2. 반영구화장 기법에 사용되는 용어

<table>
<tr><th colspan="2">용어</th><th>설 명</th></tr>
<tr><td colspan="2">그러데이션 기법
(Gradation Technique)</td><td rowspan="2">밝은 부분부터 어두운 부분까지 변화해 가는 농도의 단계적 차이를 주어 표현하는 것</td></tr>
<tr><td colspan="2">섀도 기법(일명: 안개 눈썹)
(Shadow Technique)</td></tr>
<tr><td>내추럴 머신 기법
(Natural Machine Technique)</td><td>텐더 커브 기법
(Tender Curve Technique)</td><td>머신을 이용하여 C-컬을 부드럽고 자연스럽고 입체감 있게 표현하는 것. 깃털 기법으로도 통용되고 있음.</td></tr>
<tr><td rowspan="4">내추럴 펜 기법
(Natural Hand Technique)</td><td>3D, 4D, 5D, 6D, 7D 기법</td><td rowspan="4">펜 기기를 이용하여 C-Curl로 자연스럽고 입체감 있게 표현하는 것</td></tr>
<tr><td>드로우 기법</td></tr>
<tr><td>자연 눈썹</td></tr>
<tr><td>연예인 눈썹</td></tr>
<tr><td rowspan="2">포인트 펜기법
(Point Hand Technique)</td><td>수지침 기법</td><td rowspan="2">전동 기기 또는 펜 기기를 이용하여 점으로 면을 메꾸어 형태를 만들어 가는 것</td></tr>
<tr><td>점묘 기법</td></tr>
<tr><td colspan="2">마이크로블레이딩 기법
(Microblading Technique)</td><td>펜 기법 중 하나로 한 묶음 바늘 개수가 많아 1회 터치로 여러 번 터치의 효과를 나타냄. 엠보로 통용되고 있음.</td></tr>
<tr><td colspan="2">콤보 기법(Combo Technique)</td><td>두 가지 이상의 기법을 사용하는 것</td></tr>
<tr><td colspan="2">콤보 머신 기법
(Combo Machine Technique)</td><td>펜 기기와 전동 기기를 같이 사용하는 것</td></tr>
</table>

3. 반영구화장 재료에 사용되는 용어

용 어	설 명
머신(Machine)	반영구화장을 할 때 전류를 이용하여 사용하는 기계의 총칭
디지털 기기/로터리 머신 (Digital Machine, Rotary Machine)	회전식으로 상하 작동하는 기계로 바늘과 바늘 캡이 일체형으로 되어 타격감은 약하나 타공이 일률적인 기기
디지털 니들/카트리지 (Needles for Digital Machine)	바늘과 캡이 일체화되어 있는 것
아날로그 기계 (Analog Machine)	바늘과 바늘 캡이 분리되어 있고 타격감은 강하나 타공이 비일률적 기기
펜 기기(Pen)	전류를 이용하지 않고 수작업으로 할 때 사용하는 펜 형태의 기기
통증 완화제 1차 (Anesthetic Cream)	반영구화장 시 통증을 완화시키기 위해 작업 전에 바르는 크림
통증 완화제 2차 (Anesthetic Gel)	반영구화장 작업 중에 통증을 완화시키기 위해 바르는 젤
프롱(Prong)	한 묶음의 바늘의 개수
라운드(Round)	바늘 묶음의 형태가 원형
플랫(Flat)	바늘 묶음의 형태가 일자형일 때 (F)로 표기
	바늘 묶음의 형태가 사선형일 때 (FT)로 표기
바늘/니들(Needle)	반영구화장 기기에 부착하여 사용하는 바늘
색소 컵(Pigment Cup)	색소를 덜어서 담아 쓰는 용기
색소 컵 홀더(Pigment Cup Holder)	색소 컵을 안전하게 고정시켜 주는 용품
핸드 피스(Handpiece)	기계의 손잡이 부분으로 바늘을 끼워 사용
핸드 피스 홀더(Handpiece Stand)	핸드 피스를 안전하게 고정시켜 주는 용품
베리어 필름(Barrier Film)	기계의 선 등을 외부의 오염물질로부터 보호해 주는 것
글로브(Gloves)	일회용 장갑
오토클라브(Autoclave)	스팀이나 열로 살균을 하는 기구
인펙션 컨트롤(Infection Control)	반영구화장 할 때 생길 수 있는 감염을 최소한으로 줄이는 과정
바이러스(Virus)	세균
디스인팩션(Disinfection)	소독, 살균
헤르페스(Herpes)	포진(입술 등에 수포가 생기는 것)
트롤리 카트(Trolley Cart) (일명: 웨곤)	기계, 색소 등 사용할 물품을 올려놓는 것

4. 반영구화장에 사용되는 용어

용어	설 명
텐션(Tension)	손가락으로 작업 부위를 잡아 주어 탄력 있게 만듦. 텐션에 따라 색소 착색도 달라짐.
알피엠(RPM, Revolutions Per Minute)	기기의 회전 속도로 1분 동안의 회전수를 말하며 반영구화장에서는 바늘이 피부에 닿는 횟수와 관련이 있다.
변색(Discoloration)	처음 색상이 아닌 빛깔이 변하여 달라짐.
탈색(Bleaching)	처음 색상이지만 빛이 바래서 옅어짐.
뷰티 반영구화장(BSPM, Beauty Semi-permanent Make-Up)	눈썹, 아이라인, 입술, 섀도, 블러셔 등의 미용을 목적으로 하는 반영구화장
기법(Technique)	기교와 방법을 아울러 이르는 뜻으로 훌륭하게 해내는 기술이나 능력
색소 자가인증번호	안전성 검사 후 해당 성적서와 함께 화학제품 관리시스템에 신고 후 신고번호 등을 제품에 표기
물질안전보건자료(MSDS, Material Safety Data Sheet)	제조자명, 제품명, 성분과 성질, 취급상의 주의, 적용 법규, 사고 시의 응급처치 방법 등이 기재됨.
특수 반영구화장(SSPM, Special Semi-Permanent Make-Up)	흉터(화상, 상처), 백반증, 빈모 등의 부족한 부분을 보완하여 삶의 질을 향상시켜 주는 특수 반영구화장

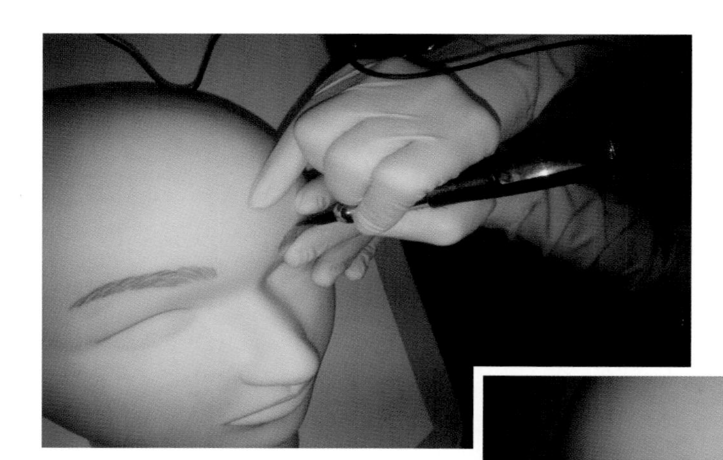

페더링 기법

그러데이션 기법

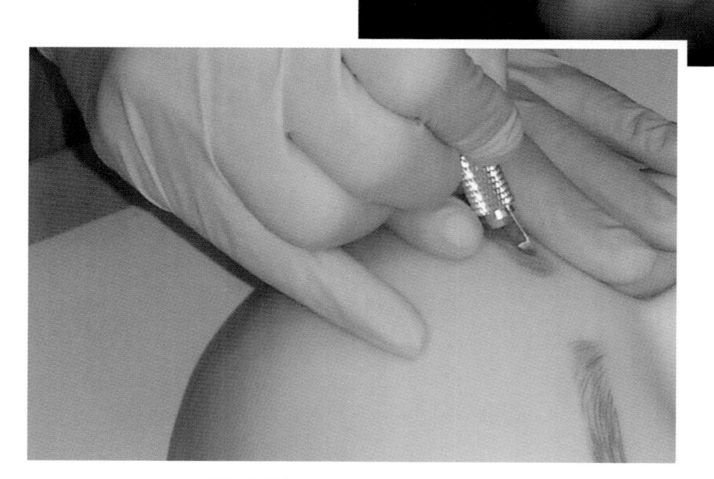

펜 기법(마이크로브레이딩 기법)

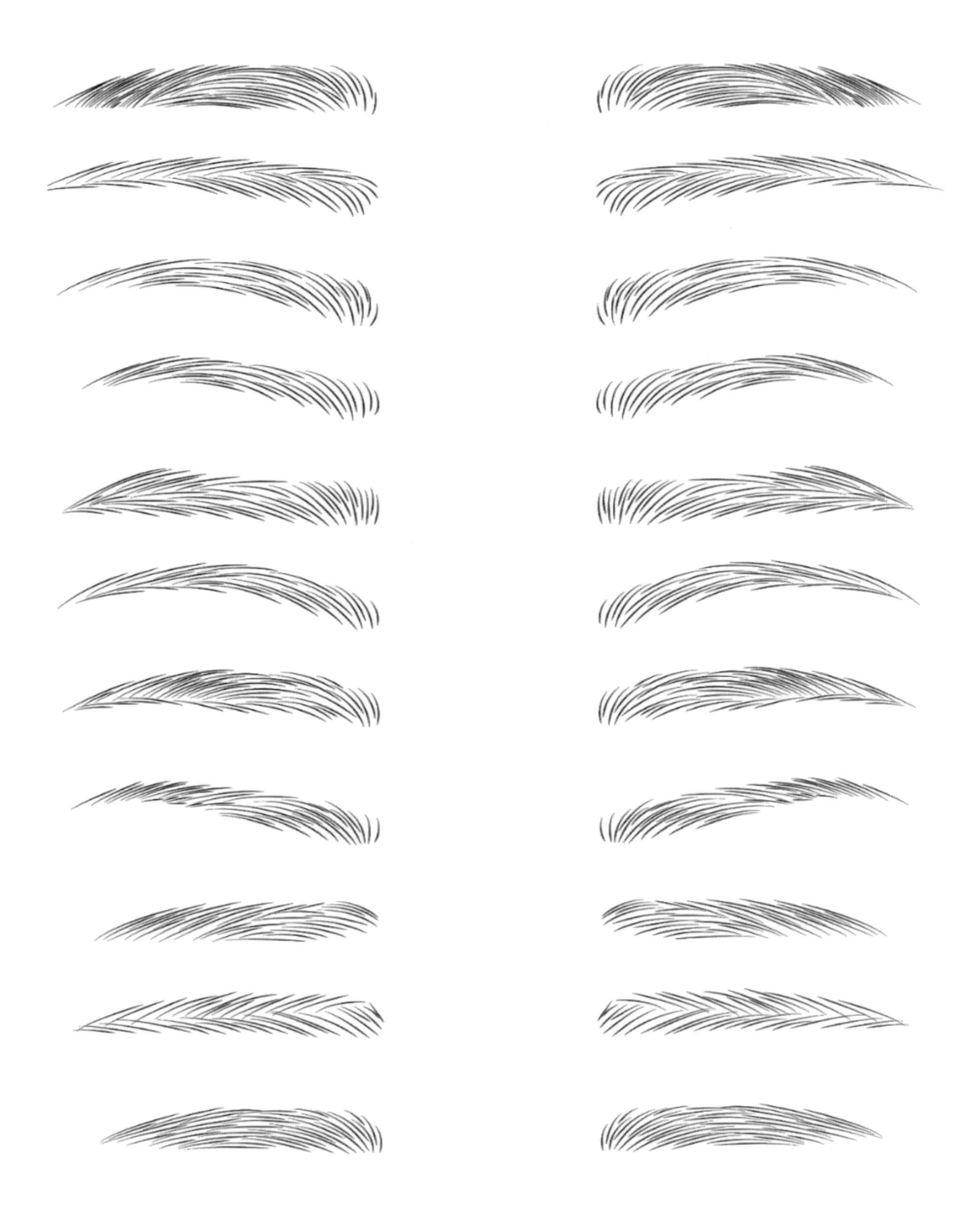

바늘의 각도 90°, 컬, 속도 연습

눈썹 형태에 따른 C컬

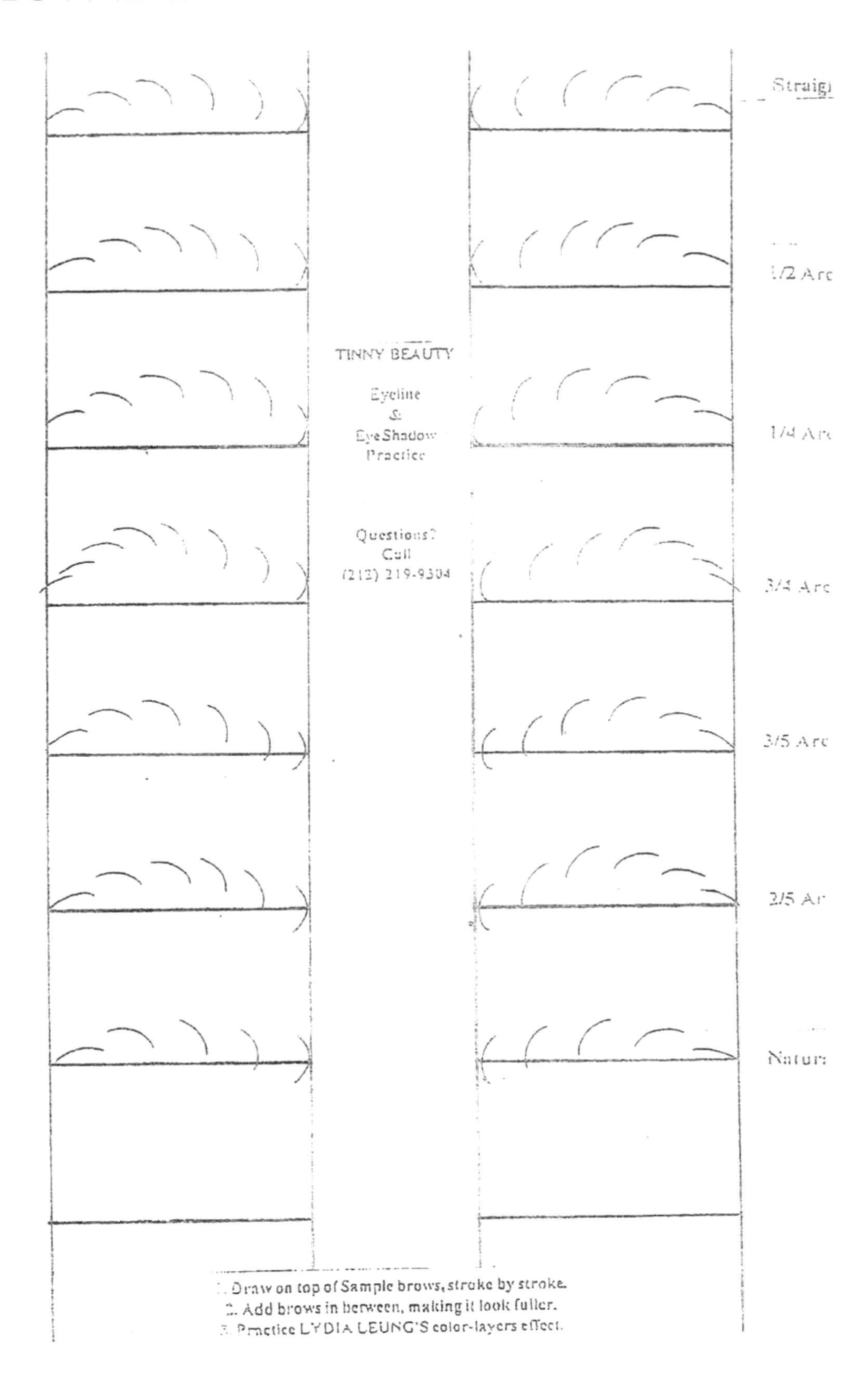
Straig
1/2 Arc
1/4 Arc
3/4 Arc
3/5 Arc
2/5 Ar
Natur
TINNY BEAUTY
Eyeline
&
EyeShadow
Practice
Questions?
Call
(212) 219-9304
1. Draw on top of Sample brows, stroke by stroke.
2. Add brows in between, making it look fuller.
3. Practice LYDIA LEUNG'S color-layers effect.

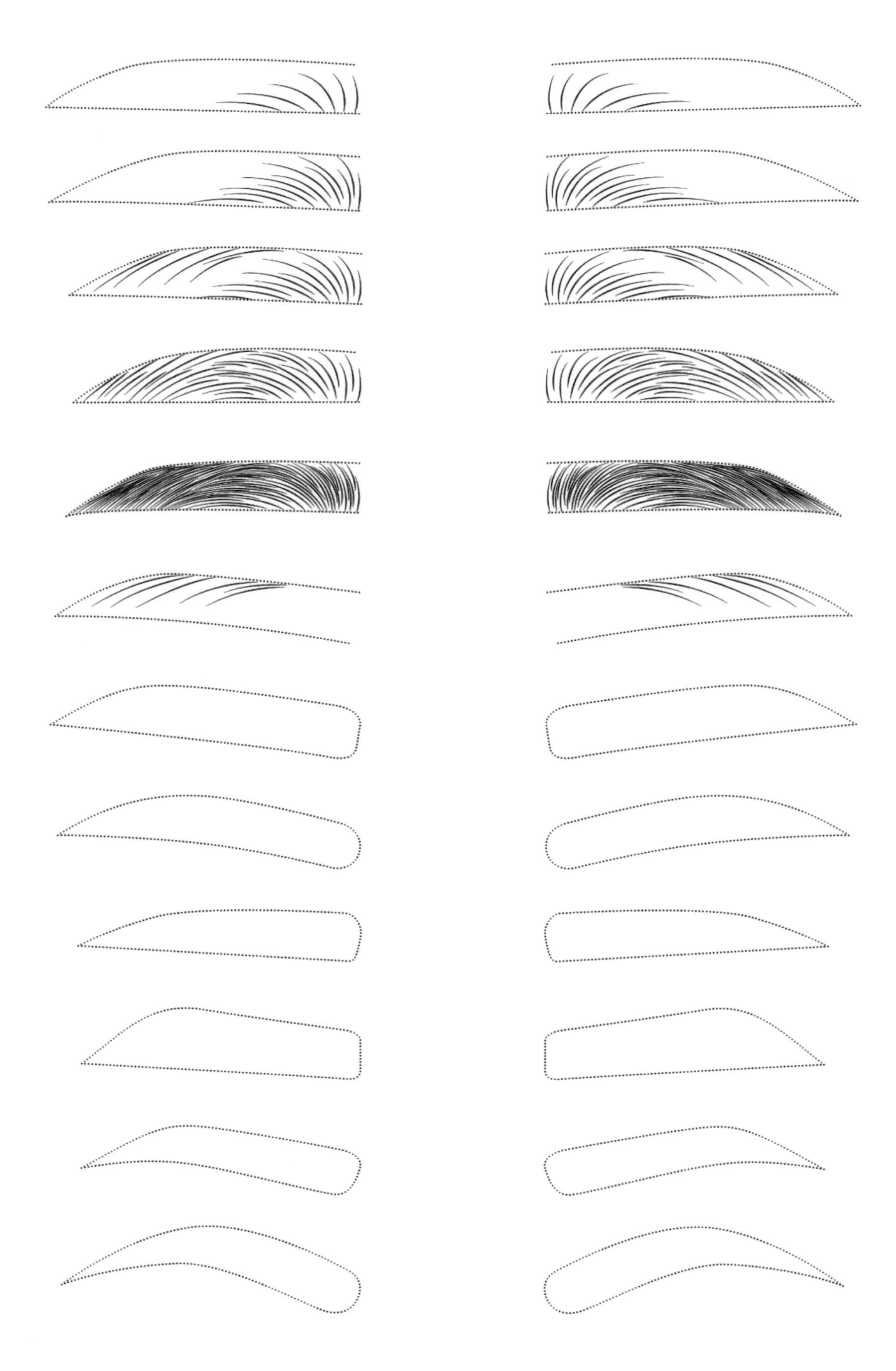

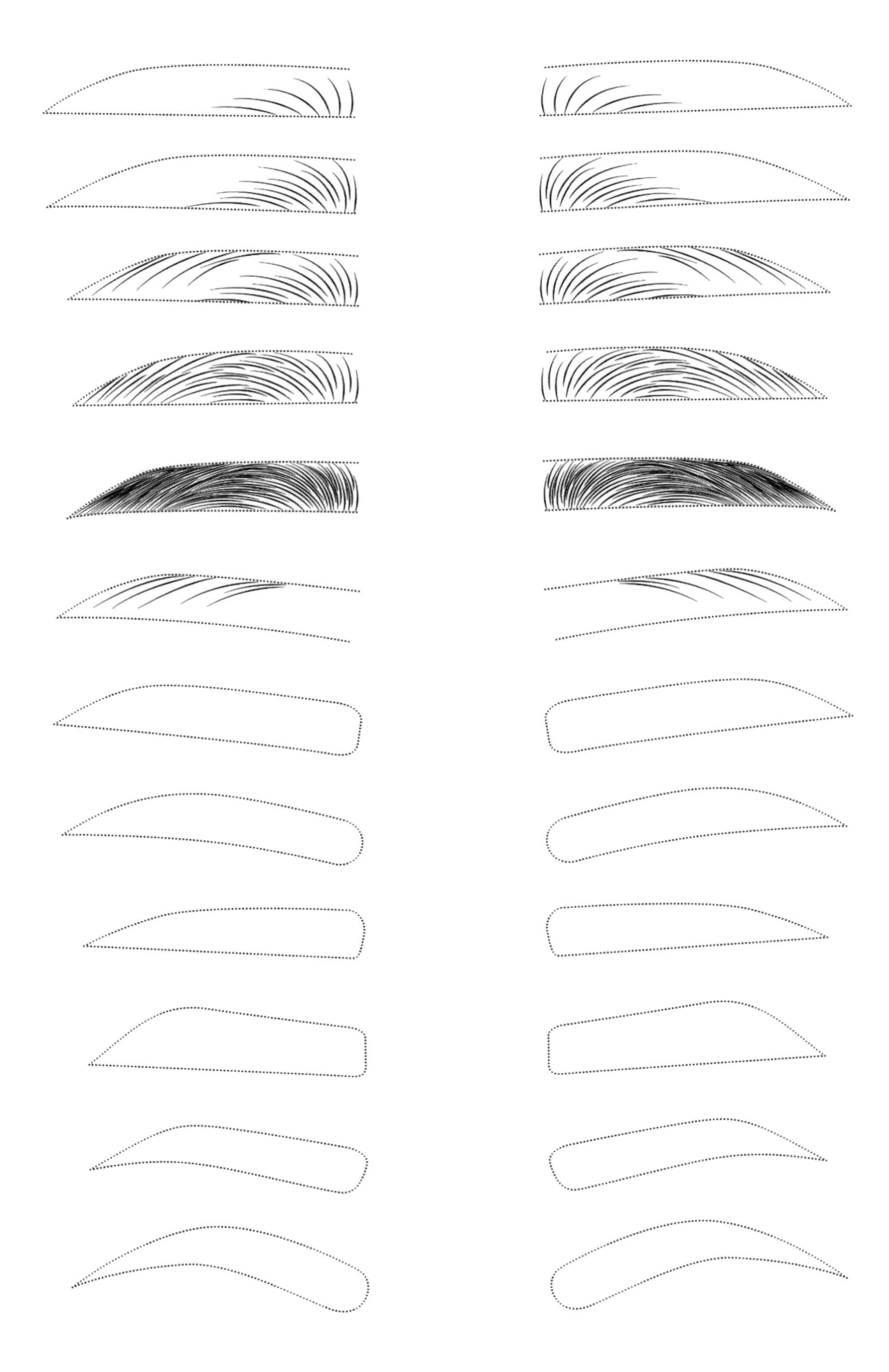

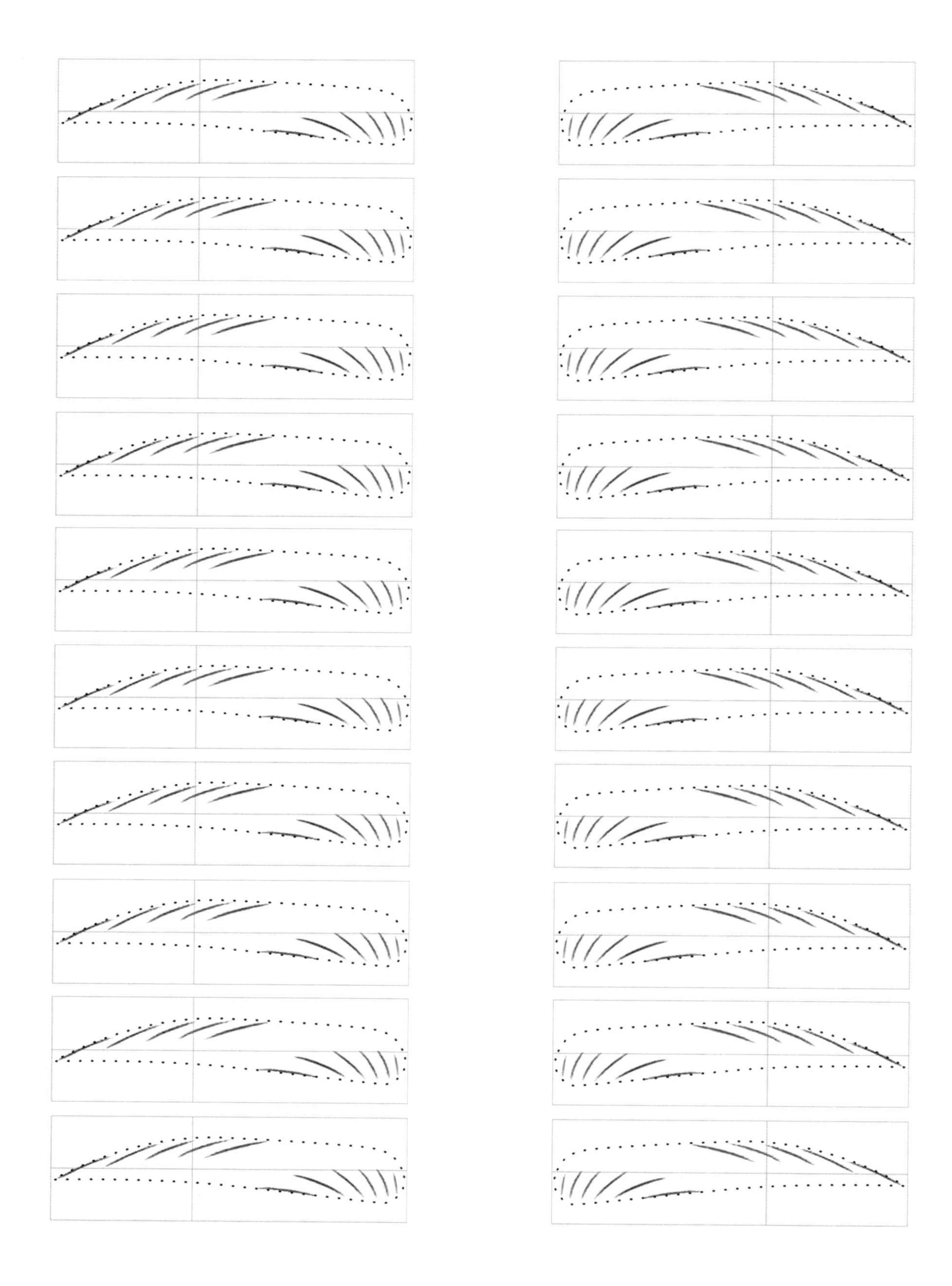

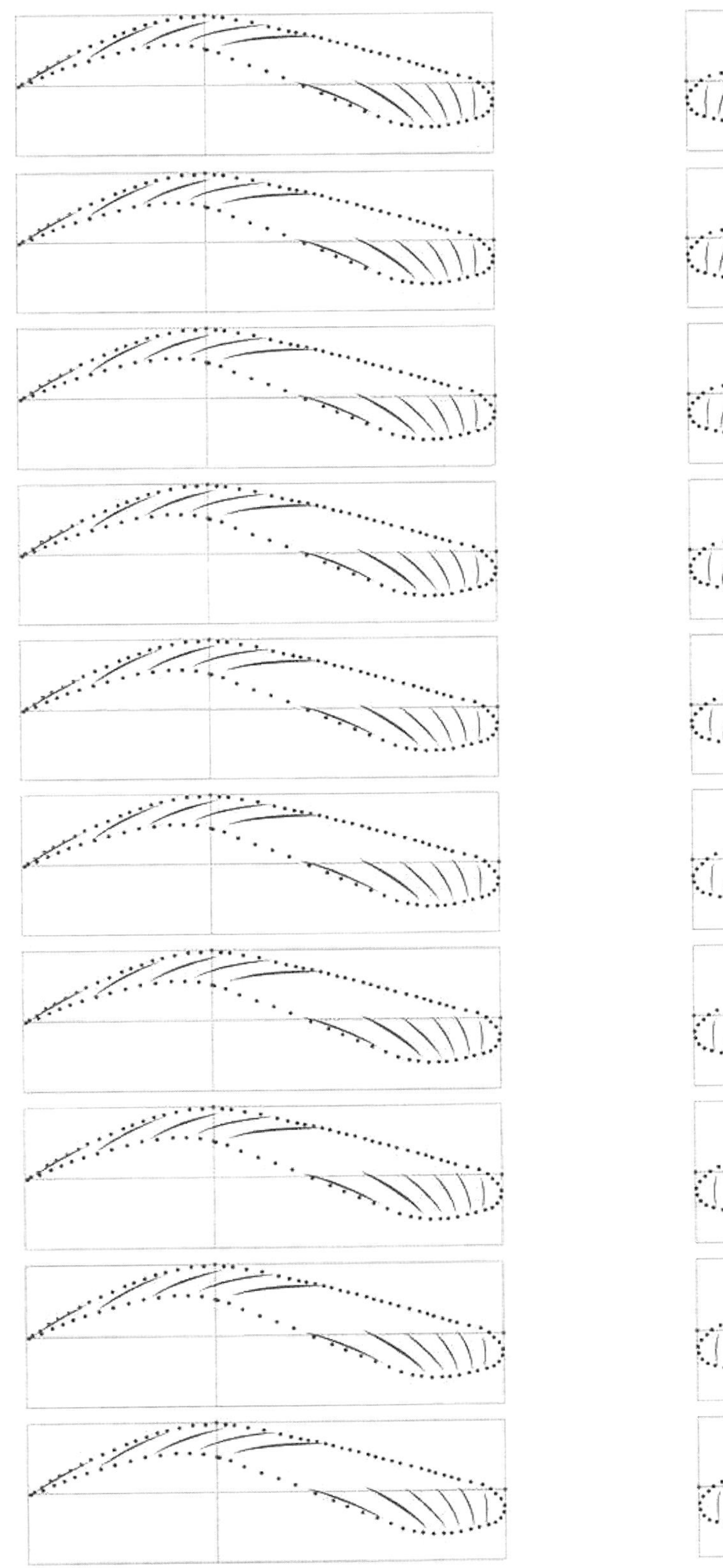

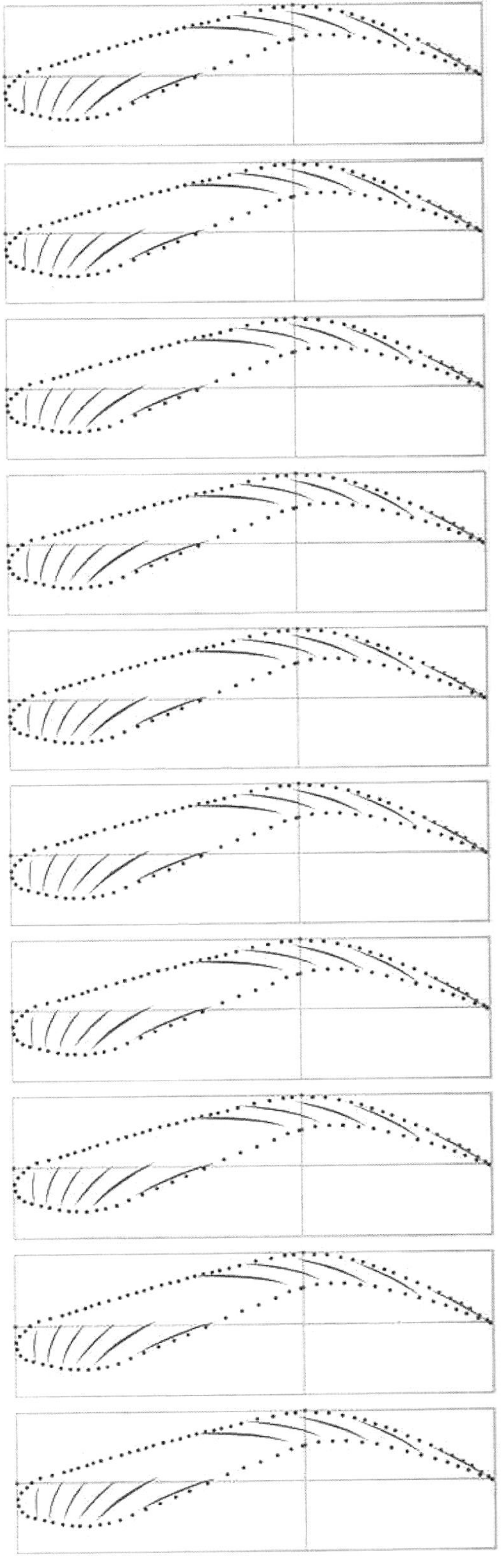

참고문헌

- 피부과학, 고재숙 외, 수문사, 2000
- 최신공중보건학, 강갑연 외, 광문각, 2019
- 텐더 터치 메이크업 강의 교재 2002
- Permanent Cosmetics "The Ultimate Guide"2nd Edition. By: Susan Church CCPC
- Tin Oh Feathering Permanent Make up teaching materials by Christine Oh
- 타투와 쎄미 퍼머넌트 메이크업의 이질성에 대한 분석 이명희, 김도연, 한국미용학회지. 4권 2호 2001.
- 세미 퍼머넌트 메이크업에 대한 고객인식도 변화에 관한 연구. 김도연 석사논문 2012
- 반영구화장에 대한 경험 고객의 인식도 조사: 한국, 일본, 미국 비교 김도연 · 최태부. 한국미용학회지. 20권 6호 2014
- 반영구화장 작업 방법에 따른 한국, 일본, 미국인의 선호도 비교. 김도연 박사논문 2015
- 메이크업 [Make-up Beauty] (학문명백과: 예술체육, 허정록)
- 감염 [infection, 感染] (두산백과)
- 남자와 여자의 피부 차이 2017. 10. 12 김범준 네이버

도움 주신 분

- 미국 Christine Oh
- 그림 이다원

저자 약력

건국대학교 대학원 생물공학과 박사졸업(이학박사)

논문: 반영구화장 시술방법에 따른 한국, 일본, 미국인의 선호도 비교

한성대학교 대학원 뷰티예술학과 석사졸업(뷰티예술학석사)

논문: 세미 퍼머넌트 메이크업에 대한 고객 인식도 변화에 관한 연구

현) 주)더스킨컴퍼니 대표이사

현) IBEA국제미용교류협회 회장

현) KSPMU대한반영구화장사 중앙회 회장

현) 텐더터치 메이크업 연구회 회장

한성대학교 예술대학원 뷰티에스테틱학과 주임교수 역임

피부미용국가자격증 심사위원 역임

지방기능경기대회 피부미용심사위원 역임

전국기능경기대회 피부미용 직종 심사위원 역임

한국여성경제인협회 서울지회 이사 역임

김도연미용학원장 역임

르본 코스메틱 원장 역임

수상

경제기획부장관 표창장

서울지방조달청장 표창장

중소벤처기업부장관 표창장

특허청장 중소기업청장 표창장

국내 대학 및 미국 뉴욕, 시카고, LA, 호주 시드니, 캐나다 토론토, 베트남 하노이, 중국 상하이, 베이징, 광조우 등 다수 해외 강의

저자 활동 사항

중국 광저우 강의

중국 베이징 강의

중국 상하이

베트남 하노이 강의

서울 코엑스. 제주 국제미용대회 총15회 개최(2009~2019)

뉴칼레도니아 역사 박물관 제임스 쿡 선장 사진 앞에서

토털 반영구화장

2021년 1월 15일 1판 1쇄 인 쇄
2021년 1월 20일 1판 1쇄 발 행

지 은 이 : 김 도 연
펴 낸 이 : 박 정 태

펴 낸 곳 : **광 문 각**

10881
경기도 파주시 파주출판문화도시 광인사길 161
광문각 B/D 4층
등 록 : 1991. 5. 31 제12-484호
전 화(代) : 031) 955-8787
팩 스 : 031) 955-3730
E - mail : kwangmk7@hanmail.net
홈페이지 : www.kwangmoonkag.co.kr

ISBN : 978-89-7093-445-7 93590

값: 25,000원

KSPA 한국과학기술출판협회회원

불법복사는 지적재산을 훔치는 범죄행위입니다.
저작권법 제97조 제5(권리의 침해죄)에 따라 위반자는 5년 이하의
징역 또는 5천만원 이하의 벌금에 처하거나 이를 병과할 수 있습니다.